“十三五”国家重点出版物出版规划项目
航天机构高可靠设计技术及其应用

空间探测柔性伸杆机构动力学与控制

楚中毅　崔　晶　著

科学出版社
北　京

内 容 简 介

本书面向空间探测领域的应用需求，基于主被动复合驱动的思想提出一种大伸展/收拢比、小自重/负载比、无褶皱伸展的可重复展开/伸缩的机构。进一步，为了抑制伸杆的弹性振动及其对卫星本体姿态的影响，本书推导了带柔性伸杆机构小卫星的动力学方程，设计了一种复合振动控制策略，并对所设计的控制方法进行了半物理仿真与实验验证。

本书适合高等院校航空航天、固体力学、机械工程和仪器仪表等专业的研究生学习，也可供航天、机械、精仪等领域的科研人员和工程技术人员参考。

图书在版编目（CIP）数据

空间探测柔性伸杆机构动力学与控制/楚中毅，崔晶著. —北京：科学出版社，2022.1

（航天机构高可靠设计技术及其应用）

“十三五”国家重点出版物出版规划项目

ISBN 978-7-03-071355-1

Ⅰ. ①空… Ⅱ. ①楚… ②崔… Ⅲ. ①空间探测-柔性连杆机构-机械动力学②空间探测-柔性连杆机构-智能控制 Ⅳ. ①V423.6②TH112.1

中国版本图书馆 CIP 数据核字(2022)第 020436 号

责任编辑：魏英杰 / 责任校对：胡小洁

责任印制：吴兆东 / 封面设计：陈　敬

科学出版社 出版

北京东黄城根北街 16 号

邮政编码：100717

http://www.sciencep.com

北京中石油彩色印刷有限责任公司 印刷

科学出版社发行　各地新华书店经销

*

2022 年 1 月第　一　版　开本：720 × 1000　B5

2024 年 1 月第二次印刷　印张：9 1/4

字数：184 000

定价：98.00 元

（如有印装质量问题，我社负责调换）

前　言

空间探测和对地观测技术已经成为人类观测、认知地球和太空的主要手段。近年来，随着现代微机电等技术的快速发展，利用多微纳探测器编队进行多点、原位、分布式空间探测，已成为国内外空间科学与技术领域的研究热点之一。与此同时，为了满足探测任务的需求和性能要求，避免航天器平台本身对空间待测信号的干扰，必须采用伸杆机构支撑各类探测载荷或传感器远离卫星本体，以保证探测数据的准确性和空间信息的精确度。因此，伸杆机构作为空间科学探测、天基遥感系统等领域的支撑性技术，具有重要的科学研究意义和广阔的工程应用前景。

本书面向空间探测领域的实际应用需求，基于主被动复合驱动的思想提出一种大伸展/收拢比、小自重/负载比、无褶皱伸展、可控性能好的新型伸缩式空间伸杆机构。首先，研究弹簧铰链的力矩驱动特性和柔性伸杆的力学特性，建立柔性伸杆伸展速度与负载动能、弹簧铰链势能及电机驱动力矩等参数的能量流平衡方程，以此为基础，完成主动（电机）、被动（弹簧铰链）驱动源和柔性伸杆的参数匹配研究。然后，结合弹簧铰链、柔性伸杆，以及电机等子件的力学性能分析，基于拉格朗日方程建立伸杆机构伸展/收拢的动力学模型。在此基础上，考虑对动力学模型中的不确定项进行分类，重点包括各类惯量阵摄动和黏滞摩擦力等结构化常参数不确定性，构型重构、非线性摩擦等变参数不确定性，以及未建模不确定性，借鉴鲁棒自适应的控制思想设计控制器，实现伸杆机构的无褶皱展开/收拢操作，并进行实验验证。进一步，为了抑制伸杆的弹性振动及其对卫星本体姿态的影响，利用拉格朗日方法推导带柔性伸杆机构小卫星的动力学方程。针对柔性伸杆振动对小卫星本体姿态的耦合影响问题，设计基于伸杆机构最优指令整形和小卫星本体自适应扰动抑制滤波器(adaptive disturbance rejection filter，ADRF)相结合的复合振动控制策略。该策略采用指令整形技术抑制柔性伸杆弹性振动，同时设计扰动抑制滤波器进一步抵消柔性伸杆残余振动对本体的干扰影响，并利用频率估计算法建立扰动抑制滤波器的自适应参数调整机制。最后，搭建控制力矩陀螺作为航天器本体姿态控制装置的伸杆振动控制半物理仿真实验平台，完成复合振动控制方法的半物理仿真实验。

本书的研究工作是在国家自然科学基金项目“基于主被动复合驱动的空间探测柔性伸杆机构动力学及其振动控制方法研究”等的资助下开展的，特别表示感谢。

本书由楚中毅、崔晶共同完成。研究生雷宜安、李丹、任善永、胡健、燕少博、周苗对本书做了大量工作，实验室的其他老师和研究生也对本书相关的研究工作提供了很多帮助和支持。在此向他们表示衷心的感谢。

书中的数学模型、数值仿真、理论推导、实验研究等成果显示了本书理论、方法与技术的合理性、有效性和可行性，可以为空间探测柔性伸杆机构的应用与发展提供理论基础和技术参考。

限于作者水平，书中不妥之处在所难免，恳请读者批评指正。

作　者

2021 年于北京

目　录

前言
第 1 章　绪论 …… 1
1.1　空间伸杆机构简介 …… 1
1.2　空间伸杆机构的动力学问题 …… 6
1.3　空间伸杆机构的振动控制方法 …… 8
1.3.1　反馈控制 …… 8
1.3.2　前馈控制 …… 14
第 2 章　空间伸杆机构的参数优化与仿真分析 …… 17
2.1　引言 …… 17
2.2　空间伸杆机构的功能需求分析 …… 17
2.3　空间伸杆机构的力学特性分析 …… 19
2.3.1　弹簧铰链的力矩特性分析 …… 19
2.3.2　柔性伸杆的力学特性分析 …… 21
2.4　空间伸杆机构的参数匹配研究 …… 24
2.4.1　空间伸杆机构的能量流分析 …… 24
2.4.2　空间伸杆机构的优化设计 …… 27
2.5　空间伸杆机构的有限元仿真 …… 32
2.5.1　空间伸杆机构的静力学分析 …… 32
2.5.2　空间伸杆机构的动力学分析 …… 35
2.5.3　空间伸杆机构的能量分析 …… 39
2.6　小结 …… 41
第 3 章　空间伸杆机构的动力学建模 …… 42
3.1　引言 …… 42
3.2　空间伸杆机构的完整动力学模型 …… 42
3.3　空间伸杆机构的简化动力学模型 …… 46
3.4　动力学模型的不确定性分析 …… 49
3.5　小结 …… 49

第 4 章 空间伸杆机构的鲁棒自适应控制方法研究 ······ 51
4.1 引言 ······ 51
4.2 问题描述 ······ 51
4.3 空间伸杆机构的控制方法 ······ 53
4.3.1 鲁棒自适应控制器的设计 ······ 53
4.3.2 控制器稳定性分析 ······ 54
4.4 空间伸杆机构伸展/收拢的数值仿真 ······ 56
4.4.1 仿真条件设置 ······ 56
4.4.2 仿真结果分析 ······ 58
4.5 小结 ······ 63
第 5 章 空间伸杆机构的伸展/收拢实验研究 ······ 64
5.1 引言 ······ 64
5.2 空间伸杆机构的实验平台 ······ 64
5.2.1 空间伸杆机构的机械结构设计 ······ 65
5.2.2 空间伸杆机构的控制系统设计 ······ 69
5.2.3 空间伸杆机构的软件程序设计 ······ 70
5.3 空间伸杆机构伸展/收拢的实验验证 ······ 72
5.4 小结 ······ 76
第 6 章 带柔性伸杆机构小卫星的耦合动力学模型 ······ 77
6.1 引言 ······ 77
6.2 基于控制力矩陀螺的小卫星姿态动力学模型 ······ 77
6.3 带柔性伸杆机构小卫星的耦合动力学模型 ······ 81
6.4 小结 ······ 86
第 7 章 带柔性伸杆机构小卫星的振动控制方法研究 ······ 87
7.1 引言 ······ 87
7.2 柔性伸杆机构的振动控制方法研究 ······ 87
7.2.1 最优指令整形技术 ······ 87
7.2.2 基于最优指令整形器的柔性伸杆振动控制 ······ 91
7.3 小卫星本体振动控制方法研究 ······ 92
7.3.1 自适应扰动抑制滤波器工作原理分析 ······ 92
7.3.2 基于自适应扰动抑制滤波器的小卫星本体振动控制 ······ 96
7.4 小卫星的模态不敏感机动规划方法研究 ······ 96

7.5　带柔性伸杆机构小卫星的振动控制仿真研究 …… 99
7.5.1　振动控制方法的稳定性分析 …… 100
7.5.2　带挠性伸杆机构小卫星振动控制方法的数值仿真 …… 103
7.6　小结 …… 107
第 8 章　基于控制力矩陀螺的振动控制半物理仿真实验研究 …… 109
8.1　引言 …… 109
8.2　基于控制力矩陀螺的半物理实验平台 …… 109
8.3　小卫星振动控制的半物理仿真实验研究 …… 114
8.3.1　最优指令整形器的实验验证 …… 115
8.3.2　复合振动控制方法的半物理实验 …… 117
8.4　小结 …… 123
参考文献 …… 124
附录 A …… 130
附录 B …… 136

第1章　绪　　论

1.1　空间伸杆机构简介

空间探测和对地观测技术已经成为人类观测、认知地球和太空的主要手段，也是当今世界高速发展和激烈竞争的高技术领域。近年来，随着现代微机电等技术的快速发展，利用多微纳探测器(微纳卫星集成外伸探测载荷或传感器平台)编队进行多点、原位、分布式空间探测，可以完成单点大卫星难以实现的科学任务，具有中小尺度分辨率、整体性和动态性等优点，已成为国内外空间科学与技术领域的研究热点之一。与此同时，为了满足探测任务的需求，避免航天器平台本身对空间信息信号的干扰，必须采用伸杆机构支撑各类探测载荷或传感器远离卫星本体，以保证探测数据的准确性和空间信息的精确度。伸杆机构具有质量轻、功耗低、操作性好、结构紧凑等良好性能，是空间科学探测、天基遥感系统等领域的支撑性技术，具有重要的研究意义和广阔的应用前景。

空间探测载荷伸杆机构属于空间展开机构，其概念是由美国国家航空航天局(National Aeronautics and Space Administration，NASA)在 20 世纪 60 年代首先提出的，其发展与卫星技术的发展相当紧密。最早的空间伸杆机构是自旋卫星上的展开天线，后来出现可折叠式太阳翼和重力梯度稳定的卫星。套筒式、折叠式、桁架式展开机构相继得到广泛的应用。随着大型航天器的发展，又出现充气式展开机构。目前，空间伸杆机构在空间机构领域中的应用最为广泛[1]。

空间展开机构具有收拢状态和展开状态，并能在收拢状态和展开状态之间变化。收拢时，空间展开机构结构体积较小，需要时可展开至工作状态，其末端可以携带探测载荷，具有重量轻、体积小、定向性好等特点[2]。总的来讲，空间展开机构可以分为有源展开机构与无源展开机构。无源展开机构一般用弹簧铰链的驱动力实现连接、展开与锁定等功能。在该方面，目前国外的主要航天大国都已经拥有成熟的技术，可实现一次或多次展开技术[3,4]。有源展开机构通常以电机为主要动力源，提供展开所需的能量，近十年来发展迅速。其典型的应用是搭载探测载荷的伸杆机构，按结构形式主要分为以下几种。

(1) 伸缩式伸杆机构

伸缩式伸杆机构(图 1-1)由一系列同心的圆柱形薄管组成，可以一个叠一个地收缩在一起，展开后有一部分重叠，类似电视机的天线。伸缩式伸杆机构通常在小卫星等航天器上广泛应用。伸缩式伸杆机构一般采用碳纤维复合材料，最长可达到 25m。例如，德国设计了展开长度大于 20m 的伸缩式伸杆机构，使用的正是套筒式结构[5]。为了使伸缩式伸杆机构有足够的刚度，必须保证一定的重叠长度和壁厚，因此这种伸杆比较笨重，而且长度上也受到限制。

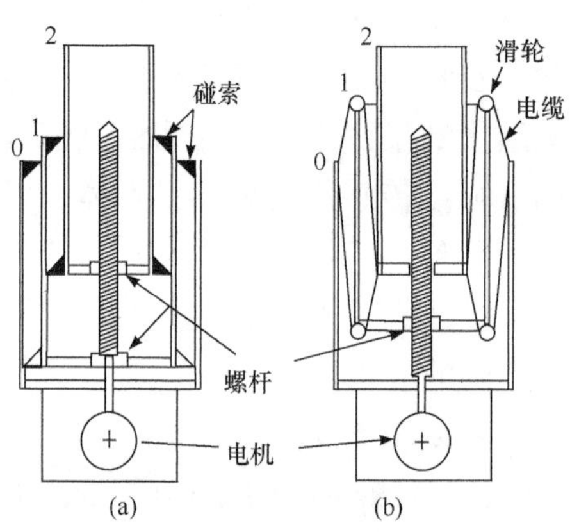

图 1-1 伸缩式伸杆机构

(2) 桁架式展开机构

桁架式展开机构(图 1-2)也是一种大型的空间伸展机构，主要包括盘压式和铰接式。盘压式伸杆臂结构最早由美国公司研制，由盘压杆、支撑盘、贮存筒，以及锁定释放装置等组成。铰接杆伸展机构通常由纵向、横向杆件和铰链等组成，具有精度较高、刚度好、结构效率高等特点。这两种桁架式伸杆机构在航天器中都得到广泛应用[6,7]，例如，美国 TRW 公司研制了大型折叠式太阳翼，日本科学研究所研制了大型天线阵，美国 Loral 公司研制了太阳帆，日本千叶大学研制了重力梯度杆等[1]。

(3) 充气式展开机构

充气式展开机构(图 1-3)由类似气球的柔性薄膜组成，可以实现充气展开。空间充气薄膜结构的突出特点包括质量轻、伸缩比大、可靠性高等，克服了传统展开机构的诸多缺点。充气式展开机构一般用于太阳翼、天线反射器、气闸舱等大型次结构体。NASA 和 L. Garde 公司从 20 世纪 50 年代开始，就先后在美国的回声一号(Echo I)等卫星上应用了充气式展开结构。美国 ARISE(Advanced Radio Interferometer between Space and Earth)天文观测卫星中就采用充气式展开机构，其口径有 25m[8]。但是，空间充气展开机构也有它的缺点，如结构容易硬化等。

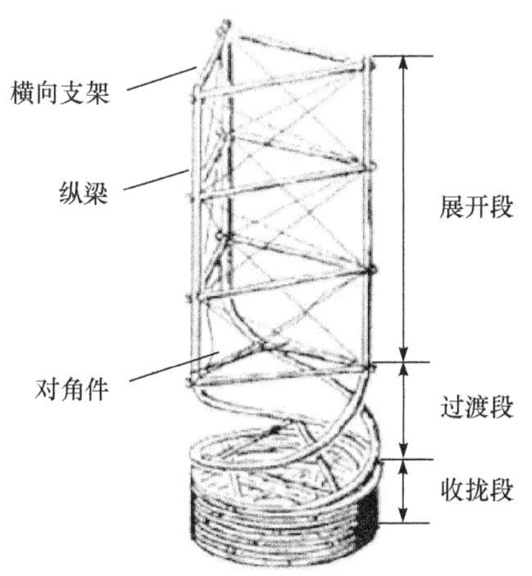

图 1-2 桁架式展开机构

图 1-3 充气式展开机构

(4) 薄壁管式伸杆机构

薄壁管式伸杆机构(图 1-4)利用薄壁壳的弹性变形实现伸杆的展开与收拢，主要应用于小型航天器的重力梯度杆等。薄壁管式伸杆机构主要分为 STEM(storable extendable tubular member)和 Bi-STEM(Bi-storable extendable tubular member)。STEM 最早由加拿大研制成功，利用薄壁材料的卷曲特性实现展开和收拢(图 1-4 (b))。Bi-STEM 是 STEM 的衍生结构，将一个 STEM 嵌放在另一个 STEM 的内部(图 1-4 (c))。其优点在于，Bi-STEM 比 STEM 在相同展开宽度的情况下，具有更小的存储体积，另外在机械性能、弯曲刚度和抗扭刚度方面更有优势[9,10]。

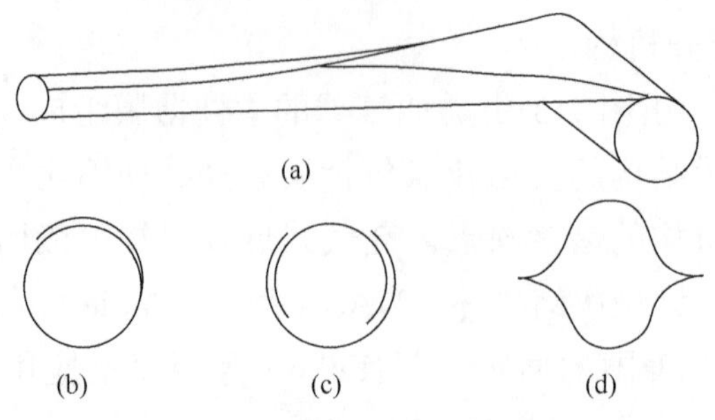

图 1-4　薄壁管式伸杆机构

折叠管状杆(collapside tube mast，CTM)也是 STEM 的衍生结构，是把两个 STEM 结构的边缘粘在一起(图 1-4(d))，形成对称层压的开口柱面壳形状，可以利用折叠时积聚的应变能实现铰链的展开，同时展开后又能够靠自身的刚度提供锁定力。德国宇航研究院成功研制了由碳纤维增强塑料作为支撑骨架的可伸展式太阳帆，其展开口径达 14m(图 1-5)[11-15]。

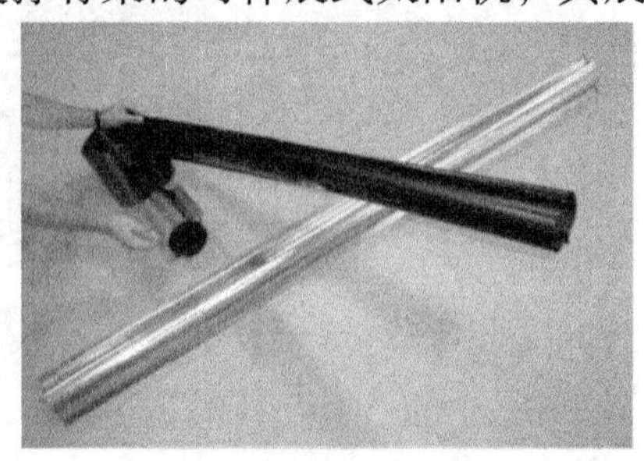

图 1-5　CTM 薄壁管式伸杆机构

近年来，随着材料技术的不断发展，美国的 Roybal 等[16]和 Thomas[17]提出不同截面形状的空间薄壁管式伸杆机构(triangular retractable and collapsible TRAC)，如图 1-6 所示。其截面形状为人字形，在相同的存储体积下与 STEM 杆相比，具有更大的弯曲刚度。

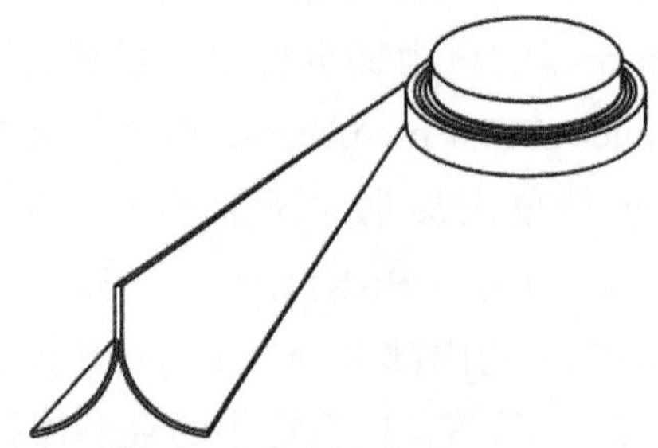

图 1-6　薄壁管式伸杆机构

上面几种空间伸杆机构比较如表 1-1 所示。

表 1-1 几种空间伸杆机构比较

伸杆机构	优点	缺点	应用范围
伸缩式伸杆机构	稳定性好、可伸缩	笨重、长度受限	大型航天器天线、电池帆板等
桁架式伸杆机构	机械性能好、大长度	笨重、结构复杂	空间探测器、太阳电池帆板、重力梯度杆
充气式展开机构	质量轻、折叠效率高、承载能力强	结构易硬化	大型次结构体的展开
薄壁管式伸杆机构	轻便、压缩率高	机械性能一般	小型航天器

现有的空间伸杆机构大多采用电机等主动驱动装置来实现，无法克服伸展过程易褶皱且能耗高等不足。传统的基于弹簧铰链等被动驱动源的伸杆机构，虽然体积小、重量轻，但存在伸展/收拢不可控，并且精度差等缺陷，通常仅适用于一次性展开机构。单一的驱动源都难以满足大展开/伸缩比、小自重/负载比、高重复精度的性能要求，因此相关机构都竞相研究基于新型复合材料和带状弹簧非线性铰链的伸杆机构的相关技术[18]。

在这方面，楚中毅等[19]基于弹簧铰链(被动驱动源)与电机(主动驱动源)复合驱动思想，提出一种 CTM 形式的伸杆机构，以适应小型化的特点。

在完成空间伸杆机构基本结构选型之后，如何合理匹配空间伸杆机构的结构参数成为亟待解决的问题。通常的解决方法有经典法与有限元法。经典法基于静/动力学分析理论，通过校核伸杆机构机械性能来满足设计指标，最终确定各设计变量。Yao 等[20]基于 π 定理考虑强度约束，对大型球面望远镜的四根支撑操作杆进行结构参数匹配设计。Jiang 等[21]在充分研究平行操作杆动力学特性的基础上，优化设计了操作杆的结构参数，结果与理论分析相符。但是，传统的参数匹配方法在设计过程中不能改变系统的拓扑结构，而且不适合非线性优化问题，会缩小优化的范围。有限元法可以克服经典法的缺点，不但适用于非线性过程，而且求解精度也相对较高。德国宇航研究院的 Sickinger 等[22]和 Block 等[23]对太阳帆空间伸杆机构进行了详细的有限元分析，优化匹配了结构参数，并通过地面/空间实验验证分析结果。国内的学者也对类似的伸杆机构进行了有限元分析，并进行了结构的优化设计[24-30]。然而，有限元方法十分依赖计算机的运算速度，仿真过程往往需要几个小时到几十小时，计算的复杂性成为一个难题。如何考虑必要的设计约束，高效准确地优化设计变量是系统参数匹配研究的关键。

1.2 空间伸杆机构的动力学问题

近些年来，随着空间科学、深空探测事业的迅猛发展，国内也提出对质量轻、成本低、体积紧凑、节能高效空间展开机构的迫切需求，许多学者开展了相关的理论分析研究，但大多局限于多体动力学理论本身，或者基于小变形假设条件且多限于平面问题。虽然研究成果丰硕，但侧重点在中心体-伸杆的耦合系统上，而对空间探测伸杆自身的特性和基础性问题挖掘不够。对于携带科学探测载荷的空间伸杆机构而言，存在变拓扑结构、时变性、强耦合、解析求解困难等特点，伸杆机构的展开/收缩动力学特性是分析问题的关键。因此，亟须开展相关方面的理论和实验研究，为空间伸杆机构的参数化设计和控制应用提供有力的支撑。

空间伸杆机构的动力学建模方法主要有 Newton-Euler 法、Hamilton 法、Kane 法和 Lagrange 法等。其中 Lagrange 法最为实用。Lagrange 建模方法的关键是如何精确描述伸杆动能与势能，其中弹簧的弹性势能、系统能量转换关系成为具体建模过程的重点和难点。

在伸杆展开/收缩的过程中，弹簧铰链除作为伸杆展开的导引，以及自锁装置外，还是复合驱动机构的重要组成单元，对其运动学和动力学特性的分析是准确预估伸杆展前、展后静动态特性的基础[31]，因此国内外学者深入开展了相关的建模与分析工作，关于仅受纵向对称弯曲影响的关节铰链非线性特征已经得到大量的研究。在这方面，Soykasap[32,33]提出二维展开/折叠性能的解析分析方法，对铰链准静态展开力矩-旋转角度之间的关系及其展开动力学行为进行了仿真分析，但仅限于平面问题。Guest 等[34]基于标准的扭转理论建立了弯、扭组合作用下的折叠、展开模型。王俊等[35]基于弹性力学的薄壳弯曲理论建立纯弯屈曲情况下的简化力学模型，得到带状弹簧展开驱动力矩与转角呈理想线性关系的表达式。但铰链与展开附件的质心很难实现理想垂直安装，会产生三维折叠/展开，因此铰链运动是毋庸置疑的三维空间运动，包含扭转变形，并且有非线性耦合作用，不能简单处理为包含等效扭转弹簧影响的两端固支铰链。近几年这方面的研究也取得了很大的进展，Hoffait 等[31]特别针对铰链的屈曲和迟滞特性对三维运动特征的影响进行了分析。Thomas[17]基于精确有限元模型描述伸杆非线性铰链在多频激励下的行为，预估其空间环境下的动态行为。Mallikarachchi等[36]在铰链展开建模中考虑中心端夹持的情况，对其稳态展开力矩和旋转角度的对应关系进行分析和实验研究，并测试了后展开状态的冲击力矩。相关工作的研究使人们在铰链准静态折叠和展开性能的分析方面取得了极大的进展,但是弹簧铰链不同于一般有约束边界条件支撑的壳屈曲问题[37]，铰链的两个轴向边界条件是自由的，使后展开强度的解析求解非常棘手，是一类典型的存在局部不稳定解的非线性屈曲问题。此外，伸杆铰链的性能一般分三个工作阶段，即折叠、展开中、后展开。目前的研究工作大多针对某一工作阶段的特殊性能要求进行，对后展开强度预测等方面的研究工作相对较少。铰链锁定力矩的精确分析是确保伸杆实现后展开快速稳定平衡态的关键，本质上属于大变形的几何非线性问题。同时，铰链的后屈曲性能不再是单纯的轴向受载或理想弯曲问题，受到弯矩、轴向、径向等多轴载荷组合作用的影响。因此，如何考虑空间大位移运动和弯扭拉组合变形的影响，通过理论分析和仿真实验相结合的手段，探索描述非线性铰链输出力矩-变形量的本构特征方程等方面的工作亟待加强。

从系统能量角度来看，伸杆展开过程是弹簧铰链存储变形能的过程。其目的是确保伸杆的张紧状态，避免运行过程中因褶皱等导致的失效，因此驱动电机要克服非线性铰链的势能做功，抵消杆体与导向装置间非线性摩擦消耗的能量[17]，同时为杆体和端部负载提供动能。收缩过程是伸杆展平和卷曲，并积聚变形能的过程。铰链释放势能提供正能量，电机工作在反向制动的状态，用于适应等效运动负载的变化。由此可见，作为伸杆主动驱动装置的电机输出力矩与伸杆展开/收缩速度、负载变化、铰链势能等参数有着复杂的关系。尤其是，其动态特性随着几何位形变化幅度较大，同时铰链弹簧的非线性特征十分显著，被动驱动力矩的输出与存储筒径、宽度、厚度等设计参数也呈非线性关系，整个伸杆系统在展开/收缩过程中存在着复杂的能量转换关系。在这方面，Rehnmark 等[38]基于线性理论的简化条件建立机构的展开能量模型，并进行了初步的参数化设计。Yu 等[39]综合矢量力学的理论基础，基于有限粒子法进行展开机构大刚体位移和几何形变的运动分析。但相关研究工作一般都会对问题进行不同程度的简化，忽略一些非线性因素的影响，直接采用简化模型作为参数设计和控制方案的基础。如何建立伸杆展开速度与负载、铰链势能、驱动力矩、能量平衡等参数的复杂非线性关系，是建立伸杆展开/收缩动力学模型和控制方案设计面临的挑战。

1.3 空间伸杆机构的振动控制方法

有效抑制空间柔性伸杆机构残留振动是实现伸杆机构高精度指向，以及中心体姿态稳定的重要保证。根据是否需要外界能源，柔性机构振动控制方法可分为被动控制方法和主动控制方法。被动控制方法通过选用各种耗能或储能材料，以及优化设计机械结构达到降低柔性系统弹性变形，抑制残留振动的目的。主动控制方法通过设计运动控制器，控制柔性系统的动态响应，达到抑制系统残留振动的目的。被动控制方法不需要外界能源，系统结构简单，在许多场合可获得良好的减振效果，但往往要求在主结构上附加质量，增加体积，同时延长研制周期，限制被动控制技术在航天领域的应用。因此，对于柔性伸杆机构，主动控制方法就成为抑制其柔性结构振动的一种重要途径。

主动振动控制方法又可以分为两个方面。一是，基于挠性结构的输出和状态的估计与测量，采用中心体控制执行机构减少振动的反馈控制方法，包括自适应控制、变结构控制、鲁棒控制、模糊控制等各种先进控制方法。二是，前馈控制方法通过对系统的理想输入进行整形，避免弹性模态的激振，实现对振动的抑制。

1.3.1 反馈控制

1. 自适应控制

自适应控制适用于受控结构和参数存在较大不确定性的控制问题。这种方法对受控结构的依赖性较小，具有一定的容错能力，对参数变化有一定的鲁棒性。因为控制器的参数依赖模型参数估计的更新，所以这种方法在一定条件下能达到稳定。目前研究较多的是模型参考自适应控制方法，Singh 等[40,41]针对挠性模态不可测，采用输出反馈模型参考自适应控制律。控制结果表明，在模型存在不确定边界的情况下，偏航角跟踪和附件振动的抑制都有很好的效果。文献[42]针对参数不确定的挠性航天器姿态跟踪控制问题，提出一种反步直接自适应控制算法，可有效抑制挠性附件的振动。文献[43]针对挠性航天器姿态机动控制和主动振动抑制的问题，提出一种基于自适应反步技术的输出反馈主动振动控制方法，对模态振动的抑制也有良好的效果。

近年来出现的自适应比例积分微分(proportion integration differentiation，PID)，以及基于 PID 的自适应补偿拓展了经典方法在航天器姿态控制中的应用。文献[44]设计了单神经元自适应 PID 控制器用于航天器姿态调整，基于误差二次型最优推导出相应的权值参数调整算法，使系统的自学习、自组织能力和鲁棒性都有明显提高，但由于设计的自适应 PID 控制器是单输入单输出的，仅适用于解耦的系统。文献[45]根据被控对象和参考模型之间的误差构造 Lyapunov 函数，从而推导自适应控制律。文献[46]针对俯仰旋转机动和附件振动抑制问题设计了一种简单自适应控制方法，其自适应控制律只要求调节四个参数，控制系统的结构不依赖截断模态的阶数。文献[47]针对卫星姿态控制系统采用模型参考自适应框架，在线性控制器基础上设计了一种基于在线神经网络的自适应控制器，将被控对象和参考模型之间的误差作为网络权值更新的依据，权值调整满足 Lyapunov 稳定性。该控制器可以在线抵消被控对象的未建模动态特性和不确定因素，提高系统的鲁棒性。吴宏鑫[48]吸取了自校正和模型参考自适应控制的优点，提出全系数自适应控制方法，从工程角度出发，完成自适应预报和控制器设计。该方法基本上解决了自适应控制的过渡过程问题，同时结合特征模型法解决了参数辨识问题且算法简单，使用方便，具有很强的适应能力。

2. 变结构控制

变结构控制理论由 Emelyanov 提出，后来 Utkin[49]对其做了全面的总结，奠定了变结构控制理论研究的基础。变结构控制系统可由常微分方程描述。其右端函数不连续，如果存在若干个切换函数，当系统的状态运行到切换函数时，系统从一种确定的结构转变为另一种确定的结构，这种系统称为变结构系统。设计变结构控制系统需要满足到达条件和滑动条件，即变结构控制系统的过程由两个阶段组成。第一个阶段是到达运动，它位于切换面之外，或有限次穿越切换面。第二个阶段是滑动运动，完全位于切换面上滑动模态区之内。一般控制的选择使到达运动段要至少满足可达性条件，或进一步使到达运动的品质得到提高。选择滑动面至少要使滑动运动渐近稳定，进一步还可以使滑动运动具有良好的动态品质。变结构控制的突出点主要包括参数的不敏感性、抗干扰能力强、低阶系统特性、动态系统的可确定性、算法简单可靠、计算量小。对于滑模变结构控制，滑动模态对加给系统的干扰和系统的摄动具有很强的自适应性。这里系统的摄动包括参数变化，以及系统中存在的不确定因素和非线性项。滑动模态可以解决运动跟踪、模型跟踪、自适应控制、不确定系统等的问题。

变结构控制器是近年的研究热点。其理论研究和应用研究取得了丰硕的成果。它采用任意快速开关强迫输出或被选择的系统变量沿相空间轨迹滑动，选择优化的滑动平面，在滑动面上证明它具有很好的鲁棒性。传统的变结构控制是全状态反馈的，而实际物理系统的状态并非完全能够观测。例如，挠性空间结构中各阶模态及其变化率为不可测的状态变量，尽管通过在一些点进行线位移、线速度，或角位移、角速度的测量可以计算，但这些测量也是很难进行的，且计算量很大，因此一般是构造状态观测器。然而，由于系统多存在非线性与不确定性，使观测器的状态与实际的状态存在偏差，因此不能达到理想的控制效果。

变结构与其他的设计思想相结合，使变结构控制理论的应用更加广泛。将变结构控制与自适应控制有机地结合起来的变结构自适应控制，是解决参数不确定或时变参数系统控制问题的一种新型控制策略。文献[50]将滑模变结构方法应用到卫星的姿态机动控制中，仿真结果表现出滑模变结构方法在航天器的姿态控制中具有一定的优越性。针对匹配不确定非线性系统，自适应变结构控制在理论上已经有很多较为成熟的研究成果。文献[51]针对匹配不确定非线性系统，在假设系统的结构完全已知的条件下，对参数和扰动的不确定性设计了自适应滑模控制器，但它讨论的系统具有常数的控制增益，使其应用受到一定的限制。针对一类时变参数系统的自适应滑动模态控制器设计问题，Slotine 等采用自适应控制律对时变参数进行在线估计，利用估计的参数值和非参数不确定项的界综合变结构控制律。这种方法可以避免一般自适应控制中常常出现的参数常周期漂移现象，提高控制系统的鲁棒性。对于非匹配不确定非线性系统，有两种处理方法。一种方法是，不考虑非匹配不确定的影响，也就是针对系统已知部分与匹配不确定性设计鲁棒控制器，而达到处理非匹配不确定性的目的，如不确定非自治单输入单输出非线性系统的输出跟踪问题[52]。另一种方法是，随着反演设计方法的出现，利用反演设计方法的自适应变结构控制能更好地处理非线性系统中的非匹配不确定性。

随着变结构控制理论的日臻完善，由于其独特的设计方法和卓越的系统性能，以及现代计算机技术的迅速发展，变结构控制理论的应用日益广泛，变结构控制已经应用在航天器的控制中，取得了许多有益的成果。文献[53]对刚体非线性的机动控制进行了讨论，将反馈线性化与变结构控制结合起来可以有效地解决刚体三轴非线性机动控制问题，但这种方法很难推广到挠性系统中。针对挠性空间结构姿态控制的模型不确定性问题，人们开始注意到变结构控制固有的鲁棒性，并把变结构控制应用于挠性空间结构的姿态控制。文献[54]将变结构控制与指令整形(input shaper, IS)技术相结合来控制挠性伸杆的运动。文献[55]使用输出反馈变结构设计自适应控制器，可以对卫星的未建模动态特性进行控制并抑制俯仰轴的振动模态。文献[56]将变结构控制成功地应用到挠性系统中，通过改进常用的减少抖动的边界层法，实现动特性与稳态特性的折中，可以较好地解决挠性系统的机动控制问题。文献[57]将变结构控制与模糊控制相结合来实现卫星的姿态控制和结构的振动抑制，仿真结果表明这种方法既可以保证较高的姿态控制精度，又可以较好地改善变结构控制的切换抖动问题。文献[58]将滑模变结构控制用于分布参数挠性杆件的振动控制，能有效抑制挠性杆件的振动。

3. 鲁棒控制

鲁棒控制是在系统设计时充分考虑系统参数不确定性、外部扰动，以及未建模动态等因素，设计满足一定性能指标的控制器，使闭环系统对于扰动具有一定的抵抗能力。控制系统的鲁棒性一般指系统在它的参数或结构发生变化时保持某种原有品质的能力。鲁棒控制方法适用于将稳定性和可靠性作为首要目标的系统，要求过程的动态特性已知，且不确定因素的变化范围可以预估，不需要精确的过程模型，但需要一些离线辨识。因此，鲁棒控制特别适于控制那些比较关键、不确定因素变化范围大、稳定裕度小的系统。

目前的鲁棒控制研究热点是 H_∞ 控制。H_∞ 法以良好的抗外界干扰能力使其在航天领域得到较多的研究。Wie 等[59]首先将 H_∞ 控制方法应用到空间站的姿态控制当中，考虑空间站惯量变化时采用全状态 H_∞ 控制综合，后来他们又进行了一系列的相关研究，并将 H_∞ 控制应用到哈勃太空望远镜(Hubble Space Telescope，HST)的振动抑制问题的研究上[60]。文献[61]使用鲁棒控制方法实现挠性航天器的快速机动。文章主要针对挠性航天器模型不确定性设计相应的鲁棒控制器。文献[62]针对带挠性附件航天器的振动问题，研究了一种基于观测器的鲁棒多目标姿态控制系统设计方法，借助特征结构配置的方法对自由参数向量进行多目标优化选取，使控制系统具有良好的鲁棒性和干扰抑制能力。文献[63]基于模型反馈与 μ 综合鲁棒控制方法设计挠性航天器姿态控制器，仿真结果表明该方法在挠性航天器大角度姿态机动的振动控制中具有良好的控制效果。但鲁棒控制系统一般不工作在最优状态，因此系统的稳态精度不高，且控制器阶数往往偏高，计算量很大。这就大大限制了其在航天领域的应用。随着高速微型处理器的快速发展，这一问题将得到解决。

4. 模糊控制

模糊控制特别适用于被控对象数学模型是未知的、复杂的非线性系统的控制，是一种不依赖对象模型的控制方法。模糊控制器对对象的变化有较强的适应性。由于优点突出，它在挠性航天器的姿态控制方面也得到研究和应用。Knapp[64]采用模糊控制，研究挠性航天器的姿态控制问题，认为模糊控制可以有效抑制干扰，降低燃料消耗，避免挠性附件的振动等，同时给出了设计思路和仿真结果。Nam 等[65]采用模糊逻辑结合线性二次高斯(linear quadratic Gaussian，LQG)方法，提出一种模糊多变量控制方法，并应用到单轴挠性航天器的姿态稳定控制，同时兼顾挠性振动抑制。对于控制系统来说，稳定性是最重要的性能要求。虽然模糊控制成效显著，大量成功的应用有目共睹，鉴于模糊控制系统的结构复杂性，控制环境的不确定性及其对系统功能结构和动态行为描述的特殊方式，其稳定性分析方法也远非传统的基于精确数学模型的稳定性分析方法那样简单和成熟。近几年，模糊控制系统的稳定性理论越来越受到人们的重视。模糊系统的稳定性分析主要针对 T-S 模糊系统[66]进行，稳定性定义和条件都是在 Lyapunov 意义框架下。近年来经过许多学者的研究和探索，证明基于 T-S 模型的模糊控制是实现对不确定非线性系统简单、有效的控制方法。文献[67]采用模糊 PID 控制方法研究基于反作用飞轮的挠性航天器姿态控制问题。

5. 经典控制

上述先进控制方法在理想情况下的控制效果很好，但算法往往比较复杂，对数学模型的精度要求较高，且计算量大，不适用于具有较强姿态机动能力的挠性小卫星的控制。在实际应用中，卫星上的姿态控制技术大多采用 PID 控制或改进的 PID 控制。PID 是一种经典的运动控制方法，具有算法简单、性能可靠和工程易实现等优点。

考虑带挠性附件小卫星的振动干扰具有一定的周期性，针对这种周期性的干扰有一种简单有效的控制方法，即在经典的 PID 反馈控制中加入扰动抑制滤波器(disturbance rejection filter, DRF)。扰动抑制滤波器是一种基于内模控制原理的滤波器。内模原理是指将干扰的极点置于系统的控制回路中，这样就可以消除不稳定的干扰极点对系统输出的影响[68]。扰动抑制滤波器已经在 HST 上得到应用[69]。HST 是高精度挠性航天器姿态控制的典范，其望远镜光轴的控制精度可以达到 0.007″。它的姿态控制器中就使用这种扰动抑制滤波器，从而对太阳能帆板的两阶弹性振动进行内模控制，大大提高其姿态稳定度。扰动抑制滤波器还在以控制力矩陀螺作为姿态控制执行机构的一类卫星上得到仿真验证[70]，而且 NASA 也对其有效性进行了实验验证[71]。文献[72]使用扰动抑制滤波器来抑制挠性梁的振动对卫星姿态的影响，并在三轴气浮卫星仿真平台(图 1-7)上进行了实验验证。文献[73]使用 DRF 控制航天器上的扫描镜作业时，周期性摆动产生的干扰力矩对航天器姿态的影响。

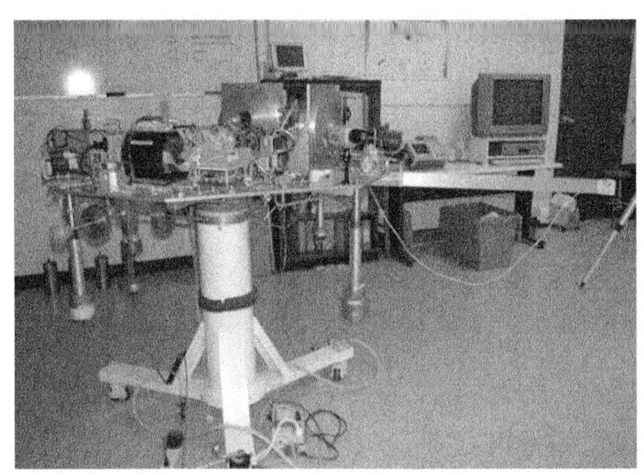

图 1-7　三轴气浮卫星仿真平台

1.3.2 前馈控制

闭环控制系统的控制精度依赖数学模型的精确程度和测量数据的准确程度，有的复杂系统的数学模型难以建立，有的物理量难于准确测量。因此，探索其他理论和方法抑制柔性系统残留振动，具有重要的理论意义和实用价值。IS 作为一种简单有效的前馈控制技术，是对上述方法的有益补充。

指令整形器的简单易用性、对模型误差的鲁棒性，以及能与输入信号实时作用，使它在抑制柔性系统振动领域得到快速发展。尤其是，20 世纪 90 年代中期，对指令整形器的研究相当活跃，在众多学者的不懈努力下，IS 技术不断发展，日臻成熟。目前，对 IS 技术的研究主要集中在指令整形器设计的新方法、指令整形器的最优性、闭环 IS 控制策略、自适应指令整形器、非线性系统的 IS 控制策略等领域。

1. 设计指令整形器的新方法

最近研究领域比较活跃的是指令整形器新方法的设计。许多学者相继提出一些启发式的设计思想来设计新型整形器[74]，以消除柔性系统中的残留振荡。

零极点对消法是应用最广泛、最直观的一种方法，通过将指令整形器的零点配置在对象的极点上进行分析。Singhose 等[75]采用零极点对消方法设计单输入和多输入系统的指令整形器，直接根据系统方程进行求解，计算简单，可以减少指令整形器的长度，加快响应速度。一般指令整形器的脉冲幅值是常数，Pao 等[76]分析了柔性机械臂的常数幅值 IS 的特点，提出两种变幅值的 IS，即 ZV-RB 和 ZVD-RB。幅值与系统的频率、阻尼和移动的位移有关，是一种次最优的控制序列，能使模型误差的鲁棒性得到很大提高，但也牺牲了时间最优。

另外，系统上升时间受指令整形器长度的限制，所以减少整形器的长度很有必要。含负幅值的 IS 脉冲序列长度可大大减小，但负幅值脉冲在一段时间内易产生溢出，因此 Pao 等[77]提出一种单位幅值的指令整形器设计方法，可以避免脉冲的溢出，而且设计的各种整形器可以明显地减少系统时滞，提高响应速度。Magee 等[78]提出一种新的最优随机指令整形器，以消除一类弹性系统的残留振荡；最优自适应指令整形器(optimal adaptive input shaper，OAIS)的时滞值不依赖系统的参数，当系统有很大的不确定性时，仍有很好的鲁棒性。Singhose 等[79]采用矢量图法设计指令整形器。该方法只需知道系统固有频率和阻尼的估计值，便可设计有一定鲁棒性的整形器。此外，还可通过改变向量的幅角来提高系统的鲁棒性。

考虑实际系统中的柔性模态并不是单一的，多模态系统的 IS 设计方法一般有两种。一是级联法，为每个模态设计相应的整形器，然后将所有模态的指令整形器进行级联，组合成一个完整的整形器，以抑制所有模态的振荡。二是联立方程法，直接根据系统的灵敏度曲线建立一系列的约束方程，通过求解方程组得到整形器。这两种方法对系统的模态误差均有很好的鲁棒性。级联法设计简单且对高模态的不敏感性比联立方程法要高；联立方程法比较直接，得到的整形器包含的脉冲个数少，可以减少运行时间。

2. 指令整形器的最优性

指令整形器技术与时间最优有密切的联系。Tuttle 等[80]为单输入单输出系统设计了一种考虑实际约束的时间最优控制方法，如控制序列尾部的长度限制，对模型分子、分母动态的灵敏性等，并进一步证明为得到最优的系统性能，必须考虑系统分母动态的所有可能形式，如刚性、实数和复数模态等。Mark 等[81]提出使燃油消耗量最优和时间最优的 IS 脉冲序列，并将这种最优控制命令应用在多模态柔性太空船中。Muenchhof 等[82]在指令整形器的设计过程中，考虑机械手输出饱和及指令整形器零点对消系统所有极点这两个约束条件，在频域内设计线性系统的时间最优鲁棒指令整形器。Conord 等[83]将系统残留振动能量，即整形命令轮廓幅值的平方作为目标函数，基于这个目标函数提出线性矩阵不等法，在系统参数变化区间上最小化最大振动能量来设计指令整形器，并将这一控制策略用于弹簧质量系统，证明这一控制策略对频率误差具有较强的鲁棒性。Robertson 等[84]基于线性优化技术将不同类型的指令整形器统一到一个计算框架中，通过优化一阶和二阶性能指标设计指令整形器。

3. 闭环 IS 控制策略

开环 IS 控制结构比较简单，无反馈，不存在由于引入反馈导致系统的不稳定现象。但这一结构在工程应用中有个缺点，如果操作环境存在不确定性，或者有外界干扰，指令整形器将不能消除由此引起的系统振动问题。Yuan 等[85]设计前馈补偿器和 PD 控制器抑制大型柔性结构件的振动。前馈补偿器采用脉冲宽度和频率变化的多模态指令整形器。仿真结果证明，这一控制策略对系统参数不确定性有较强的鲁棒性，而且脉冲时滞最优。

4. 自适应指令整形器

IS 技术最初是基于线性、时不变系统发展而来的。为将其更好地应用于时变、与结构相关的动态系统，许多学者开始研究指令整形器的自适应策略[86,87]。Khorrami 等[88]采用非线性控制器和单模态指令整形器来消除两关节柔性臂的残留振荡，在设计中采用实时快速傅里叶变换(fast Fourier transform,FFT)算法来辨识系统模态，自适应地调节控制器和指令整形器的参数。Cutfortha 等[89]根据系统振动频率修正指令整形器的参数，提出自适应 IS 策略抑制柔性系统的振动。

5. 非线性系统的 IS 控制策略

随着 IS 理论日趋成熟，研究者开始将研究重点从线性系统转移到非线性系统。La-orpacharapan 等[90]基于相平面法提出具有最优时滞伺服机构的 IS 闭环控制策略，控制多模态柔性机构，仿真结果证明这一控制策略对建模误差具有较强的鲁棒性。Hu 等[91]设计变结构指令整形器消除柔性系统的残留振动。Song 等[92]设计变结构姿态控制器并基于 IS 设计弹性振动减振器，将姿态控制器和减振器相结合，共同抑制具有柔性外伸结构的轨道航天器的回转运动。在系统存在参数变化、不确定性或干扰的情况下，轨道航天器仍可以实现精确定位，同时具有脉冲宽度和频率调制的指令整形器能主动抑制这些不确定性因素引起的振动。Hekman 等[93]将指令整形器与比例微分控制器相结合共同抑制机械系统的振动，实验结果证明库仑摩擦补偿指令整形器比典型指令整形器具有更强的鲁棒性和实用性。Fortgang 等[94]将指令整形器与振动阻尼器相结合共同抑制高速电梯的颤振。指令整形器可以根据桥厢运行位置调节速度指令，滤掉操作命令中引起系统振动的频率信号。

目前，IS 技术在时变、变频、非线性系统应用方面的研究工作在国内刚刚起步，因此本书拟开展相关振动抑制基础方法、仿真实验的探索，为促进其在实际工程中的应用奠定技术基础。

第 2 章　空间伸杆机构的参数优化与仿真分析

2.1　引　　言

本书研究的空间伸杆机构是一类复杂的时变、强耦合非线性系统，不但存在结构化参数不确定性、非线性摩擦，而且存在弹簧铰链的非线性、伸杆弯卷的大变形，以及主被动复合驱动机构设计等导致的特殊问题。因此，如何描述弹簧铰链、柔性伸杆等子件的力矩-变形量的本构特征关系，是分析整个伸杆机构力学性能和几何参数设计的基础。另外，整个伸杆系统在展开/收缩过程中存在复杂的能量传递关系，如何建立柔性伸杆的能量流平衡方程，考虑必要的设计约束，高效准确地优化所需的设计变量是系统参数匹配研究的关键。

本章首先面向空间探测任务的应用需求，提出一种主被动复合驱动的空间伸杆机构，然后深入研究弹簧铰链输出力矩驱动特性和柔性伸杆的力学特性，建立柔性伸杆伸展速度与负载动能、弹簧铰链势能及电机驱动力矩等参数的能量流平衡方程，完成主动(电机)、被动(弹簧铰链)驱动源和柔性伸杆的参数匹配研究，并基于有限元仿真软件对理论分析结果进行验证。

2.2　空间伸杆机构的功能需求分析

空间伸杆机构示意图如图 2-1 所示。当伸杆机构收拢时，伸杆机构位于卫星内部，探测载荷置于卫星外部，收缩体积很小；当伸杆机构展开时，保持一定的长度和空间指向可使载荷测量信息不受卫星本体剩磁的影响。

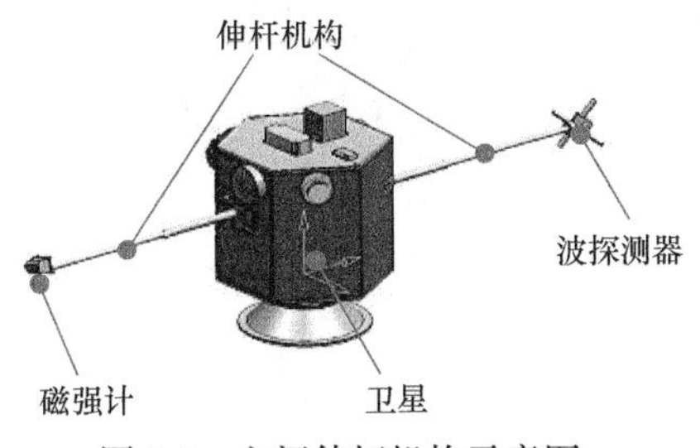

图 2-1　空间伸杆机构示意图

本书研究的空间伸杆机构主要用于小卫星。为了满足空间探测任务的要求，下面对空间伸杆机构的功能需求进行分析。其技术指标如表 2-1 所示。

表 2-1　空间伸杆机构技术指标

项目	技术指标
机构形式	CTM 薄壁型伸杆
机构本体质量	< 2kg
最大端质量	700g
与探测载荷的连接关系	刚性连接
展开长度	⩾ 1.5m
收拢尺寸	320mm×160mm×120mm
材料	无磁材料；避免使用表面绝缘部件； 满足电磁场探测设备对伸杆结构变形的要求
收拢状态本征频率	>45Hz
机构展开过程要求	>5Hz
收拢状态本征频率	冲击不对载荷造成影响
展开时间	<60s

针对上述功能需求，本章设计了一种主被动复合驱动空间探测柔性伸杆机构[19]。其三维结构图如图 2-2 所示。

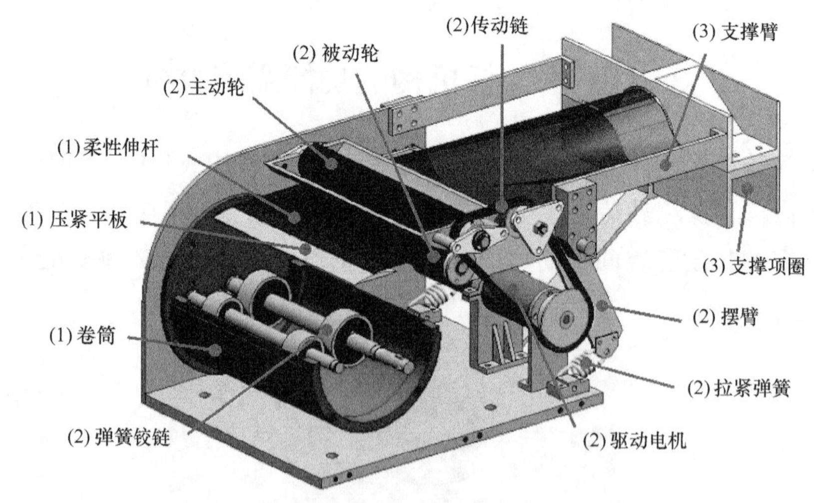

(1) 伸杆及存储装置；(2) 主被动复合驱动机构；(3) 其他支撑装置

图 2-2　空间伸杆机构三维结构图

伸杆机构主要由柔性伸杆及存储装置、主被动复合驱动机构、其他支撑装置组成。柔性伸杆由碳纤维复合材料制备，采用中空对称的截面形状使其具备良好的强度和刚度；同时，又可无损地卷曲于铝制卷筒上，存储效率高。主被动复合驱动机构用于传递力矩，电机提供主动驱动力矩，并通过弹簧铰链将被展开部件连接起来，辅助实现展开与锁定的功能。在伸展过程中，电机克服弹簧铰链的势能作用，带动主动引导轮转动，同时导引柔性伸杆释放存储的压平、弯曲等变形能实施伸展。在收拢过程中，弹簧铰链释放变形能，并在电机反向制动的辅助作用下实施柔性伸杆卷曲。其他装置为系统各部分提供结构支撑。通过合理匹配主被动驱动源(电机、弹簧铰链)和柔性伸杆的参数，可实现机构无褶皱地伸展和收拢。

2.3　空间伸杆机构的力学特性分析

空间伸杆机构的力学特性分析是后续参数匹配与动力学建模的基础。其中弹簧铰链和柔性伸杆是最重要的两个部件。本章首先分析这两个部件的力学特性。

2.3.1　弹簧铰链的力矩特性分析

弹簧铰链作为伸杆机构的被动驱动源，其力学性能的分析是主被动复合驱动机构参数设计的基础。为减小弹簧铰链的力矩波动性，可以采用长条形的金属弹簧紧密地卷曲于输出筒与存储筒之间。其结构(图 2-3)包括一个存储筒、一个输出筒。两个筒的中心轴相互平行，弹簧条从一个轮子转移到另一个轮子的过程可以提供扭矩。

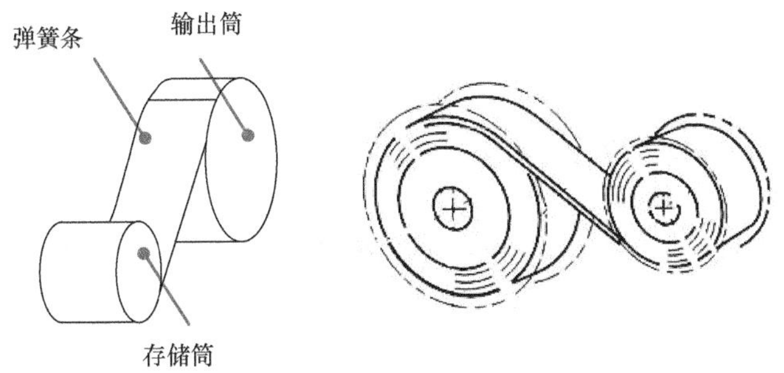

图 2-3　弹簧铰链结构图

理想情况下，由于弹簧的卷曲很紧密，从存储筒转移到输出筒上的侧面积相同，其侧面积可以用同心圆作差得到，也可以用弹簧条的长度与厚度的乘积得到。考虑实际情况下的弹簧卷曲难以完全紧密，因此引入一个比例因子系数描述弹簧卷曲的紧密程度。以美国 Neg'ator 公司的弹簧产品手册为例，比例因子系数约为 1.25。上述几何关系可表示为

$$\frac{\pi}{4}(D_{2,\max}^2 - d_2^2) = \frac{\pi}{4}(D_{1,\max}^2 - d_1^2) = kL_s t_1 \tag{2.1}$$

式中，$D_{1,\max}$ 和 $D_{2,\max}$ 分别为存储筒和输出筒的最大外直径(金属弹簧条全部卷曲于存储筒和输出筒上时)；d_1 和 d_2 分别为存储筒和输出筒的内直径；k 为弹簧缠绕紧密系数(k=1.25)；t_1 和 L_s 为金属弹簧条的厚度和长度。

弹簧铰链存储于卷筒之内，存储体积十分有限，因此弹簧铰链的几何长度受到限制。其几何长度可表示为

$$X_s = s + D_{1,\max}/2 \tag{2.2}$$

式中，s 和 X_s 分别为弹簧铰链的中心距和几何长度(通常取 $s=D_{2,\max}$)；

由于弹簧铰链输出筒与中心轴固定，弹簧铰链绕输出筒转动的角度与卷筒绕中心轴转动的角度相同。弹簧铰链的最小长度可表示为

$$L_{s,\min} = \frac{L}{(D/2)} \cdot \frac{D_{2,\max}}{2} = \frac{D_{2,\max} L}{D} \tag{2.3}$$

式中，$L_{s,\min}$ 为弹簧条的最小长度；L 为柔性伸杆的全长；D 为卷筒的直径。

弹簧铰链的质量可表示为

$$m_s = \left[2L_s t_1 b_1 + \frac{\pi}{4} b_1 (d_1^2 + d_2^2) \right] \rho \tag{2.4}$$

式中，b_1 为弹簧铰链的厚度；m_s 为弹簧铰链的质量；ρ 为材料的密度。

弹簧铰链的输出力矩 T_s 可表示为[95]

$$T_s = \frac{E_1 b_1 D_2 t_1^3}{12(1-\mu_1^2)} \left(\frac{1}{D_1} + \frac{1}{D_2} \right)^2 \tag{2.5}$$

式中，E_1 和 μ_1 分别为弹簧铰链的弹性模量和泊松比；D_1 和 D_2 分别为存储筒和输出筒的外直径。

当存储筒中心轴绕输出筒转动 θ_f 角度后，弹簧铰链存储/释放的弹簧势能 $U_s(l)$ 可表示为

$$U_s(l)=\int_0^{\theta_f} T_s \mathrm{d}\theta \approx T_{s1}\frac{l}{D/2} \tag{2.6}$$

式中，T_{s1} 为弹簧铰链的平均输出力矩；l 为柔性伸杆已展开部分的长度；$U_s(l)$为柔性伸杆伸展长度 l 的函数，$0\leqslant l\leqslant L$，$l=L$ 时取最大值。

2.3.2　柔性伸杆的力学特性分析

柔性伸杆携带探测载荷展开后，可近似看作悬臂梁。柔性伸杆截面由两个 Ω 形的碳纤维复合材料组成，是中心对称结构，因此为简化计算，下面仅分析其四分之一截面(图 2-4)的力学特性。

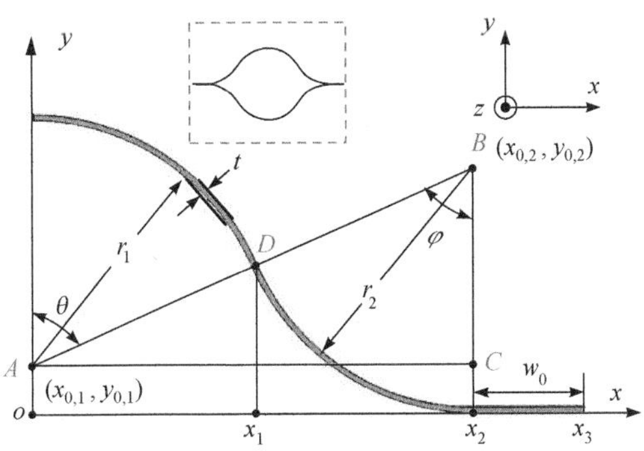

图 2-4　柔性伸杆的四分之一截面图

柔性伸杆压平后的宽度 w 可表示为设计变量的函数，即

$$w=2\left[w_0+(r_1+r_2)\varphi\right] \tag{2.7}$$

式中，w_0 为柔性伸杆截面直线段的长度；φ 为两圆弧圆心连线与垂直方向的夹角。

如图 2-4 所示，三角形 ABC 中存在以下几何关系，即

$$\varphi=\arccos\left(\frac{r_2-y_{0,1}}{r_1+r_2}\right) \tag{2.8}$$

式中，r_1 和 r_2 分别为柔性伸杆截面两段圆弧的半径；$y_{0,1}$ 为中间圆弧圆心的纵坐标。

联立式(2.7)和式(2.8)，可得

$$w=2\left[w_0+(r_1+r_2)\arccos\left(\frac{r_2-y_{0,1}}{r_1+r_2}\right)\right] \tag{2.9}$$

柔性伸杆压平与卷曲过程示意图如图 2-5 所示。柔性伸杆沿截面 x 轴弯曲时，其转动惯量和最大应力可分别表示为[96]

$$I_x = 4\int_0^{x_1} tr_1 \frac{(\sqrt{r_1^2 - x^2} + y_{0,1})^2}{\sqrt{r_1^2 - x^2}}\mathrm{d}x + 4\int_{x_1}^{x_2} tr_2 \frac{\left[-\sqrt{r_2^2 - (x-x_2)^2} + y_{0,2}\right]^2}{\sqrt{r_2^2 - (x-x_2)^2}}\mathrm{d}x \quad (2.10)$$

$$\sigma_{b\_x} = (mgl + 0.5ql^2)(r_1 + y_{0,1})/I_x \quad (2.11)$$

同理，柔性伸杆沿截面 y 轴弯曲时，其转动惯量和最大应力可分别表示为

$$I_y = 4\int_0^{x_1} tr_1 \frac{x^2}{\sqrt{r_1^2 - x^2}}\mathrm{d}x + 4\int_{x_1}^{x_2} tr_2 \frac{x^2}{\sqrt{r_2^2 - (x-x_2)^2}}\mathrm{d}x + 4\int_{x_2}^{x_3} tx^2\mathrm{d}x \quad (2.12)$$

$$\sigma_{b\_y} = (mgl + 0.5ql^2)x_3/I_y \quad (2.13)$$

式中，σ_{b_x} 和 σ_{b_y} 分别为沿 x 轴和 y 轴弯曲时的最大应力；m 为载荷的质量；g 为重力加速度；q 为沿伸杆伸展方向的均布负载；I_x 和 I_y 分别为柔性伸杆截面的转动惯量。

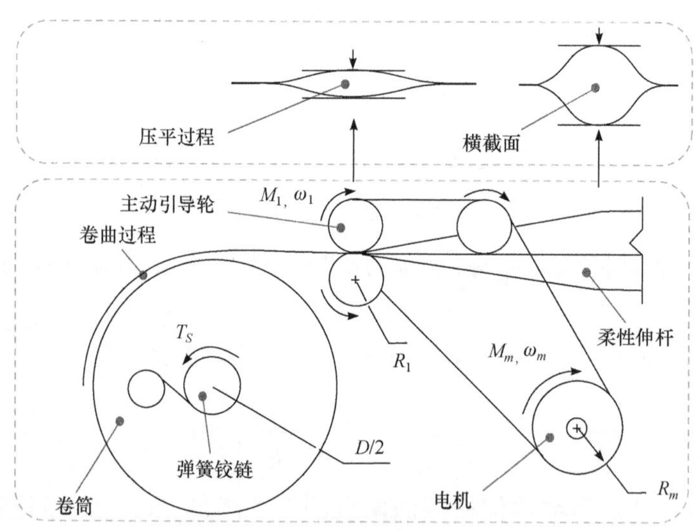

图 2-5 柔性伸杆压平与卷曲过程示意图

因此，柔性伸杆在弯曲过程中的最大应力为

$$\sigma_{b\_\max} = \max(\sigma_{b\_x}, \sigma_{b\_y}) \quad (2.14)$$

对于薄壁型柔性伸杆截面，可以认为横截面上各点的扭转切应力，沿

壁厚均匀分布，其方向平行于该壁厚处的周边切线或截面中心线的切线。若截面中心线包含的面积为 A，壁厚为 t，则柔性伸杆的扭转惯性矩和扭转切应力可分别表示为[97]

$$J_t=\frac{4A^2}{\oint\frac{\mathrm{d}P}{t}}=\frac{16t\left[\int_0^{x_1}(\sqrt{r_1^2-x^2}+y_{0,1})\mathrm{d}x+\int_{x_1}^{x_2}(-\sqrt{r_2^2-(x-x_2)^2}+y_{0,2})\mathrm{d}x\right]^2}{\int_0^{x_1}r_1\big/\sqrt{r_1^2-x^2}\,\mathrm{d}x+\int_{x_1}^{x_2}r_2\big/\sqrt{r_2^2-(x-x_2)^2}\,\mathrm{d}x} \tag{2.15}$$

$$\tau_t=\frac{T}{2At} \tag{2.16}$$

式中，A 为柔性伸杆截面面积(忽略柔性伸杆截面直线段的影响)；P 为柔性伸杆截面的周长；t 为柔性伸杆薄壁厚度；T 为扭转力矩。

柔性伸杆的压平和卷曲过程是分别进行的。由于径向截面半径 r_1 和 r_2 比柔性伸杆厚度 t 大很多，因此柔性伸杆在压平过程中的最大应力为

$$\sigma_{s\_x}=\frac{Et}{2r_{\min}} \tag{2.17}$$

柔性伸杆在压平后会卷曲于直径为 D 的卷筒上，由于柔性伸杆直线段的厚度为 $2t$，因此卷曲过程中的最大应力为

$$\sigma_{s\_y}=\frac{2Et}{D} \tag{2.18}$$

式中，σ_{s_x} 和 σ_{s_y} 分别为压平过程和卷曲过程中的最大正应力；E 为柔性伸杆材料的弹性模量；$r_{\min}=\min(r_1, r_2)$；D 为卷筒的直径。

考虑柔性伸杆同时受到弯曲和扭转应力的情况，由应力圆理论可知，弯扭作用时最大正应力和切应力为[97]

$$\sigma_{s\_\max}=\max(\sigma_{s\_x},\sigma_{s\_y}) \tag{2.19}$$

$$\tau_{s\_\max}=\frac{1}{2}(\sigma_{s\_x}+\sigma_{s\_y}) \tag{2.20}$$

结合式(2.14)和式(2.19)，柔性伸杆的最大正应力可表示为

$$\sigma_{\max}=\max(\sigma_{b\_\max},\sigma_{s\_\max}) \tag{2.21}$$

如图 2-5 所示，在应力分析的基础上，柔性伸杆在压平过程中的变形能为

$$U_{bf}(l)=2\int_0^W \frac{M_z^2}{2E'I_z}\mathrm{d}w=E'I_z\left(\frac{w_1}{r_1^2}+2\frac{w_2}{r_2^2}\right) \tag{2.22}$$

式中，M_z为柔性伸杆沿 z 轴方向的弯曲力矩；$E'=E/(1-\mu^2)$，为广义弹性模量，μ 为泊松比；$I_z=(L-l)t^3/12$，为柔性伸杆沿 z 轴方向的惯性矩；w_1和w_2分别为柔性伸杆截面两段圆弧的长度；$U_{bf}(l)$为柔性伸杆长度 l 的函数，$0\leqslant l\leqslant L$，$l=0$ 时取最大值(图 2-4)。

柔性伸杆在卷曲过程中的变形能为

$$U_{bw}(l)=2\int_0^{L-l}\frac{M_x^2}{2E'I_x}\mathrm{d}z=\frac{E'I_x(L-l)}{(D/2)^2} \tag{2.23}$$

式中，M_x为柔性伸杆沿 x 轴方向的弯曲力矩，$M_x=E'I_x/(D/2)$；$I_x=wt^3/12$，为柔性伸杆沿 x 轴方向的惯性矩；D 为卷筒的直径；$w=w_0+w_1+w_2$，为柔性伸杆压平后的宽度(图 2-4)；$U_{bw}(l)$为柔性伸杆长度 l 的函数，$0\leqslant l\leqslant L$，$l=0$ 时取最大值。

由以上分析可知，柔性伸杆压平和卷曲过程中的总能量 $U_b(l)$可表示为

$$U_b(l)=U_{bf}(l)+U_{bw}(l) \tag{2.24}$$

2.4　空间伸杆机构的参数匹配研究

2.4.1　空间伸杆机构的能量流分析

在伸杆机构伸展收拢过程中，除弹簧铰链和柔性伸杆外，电机是系统能量的重要输入源。通常伺服电机输出能量 $U_m(l)$可表示为

$$U_m(l)=P_m t_d \tag{2.25}$$

式中，P_m为电机输出功率；t_d为柔性伸杆的展开时间。

对图 2-5 所示的伸杆机构，P_m和 t_d可以表示为

$$t_d=\frac{l}{\omega_1 R_1},\qquad P_m=M_m\omega_m,\qquad \omega_m R_m=\omega_1 R_1 \tag{2.26}$$

式中，ω_1为主动引导轮转动的角速度；R_1为主动引导轮的半径；M_m为电机提供的力矩；ω_m为电机的转速；R_m为电机输出轮的半径。

联立式(2.25)和式(2.26)，电机提供的能量为

$$U_m(l)=\frac{M_m}{R_m}l \tag{2.27}$$

此外，伸杆机构各转轴内部、柔性伸杆各层间等不可避免地存在摩擦力矩，会消耗部分驱动能量，可近似将其摩擦力矩等效至卷筒中心轴处。摩擦力模型为[98]

$$M_f=(M_{fc}+M_{fs}\exp(-k_\tau\dot{x}^2))\mathrm{sgn}(\dot{x})+B\dot{x} \tag{2.28}$$

式中，M_f 为伸杆机构的总摩擦力矩；M_{fc} 为库仑摩擦力矩；M_{fs} 为静摩擦力矩；k_τ为 Stribeck 效应系数；sgn 为符号函数；B 为黏滞摩擦系数；x 为柔性伸杆沿展开方向的位移。

针对本伸杆机构，考虑实际材料特性，选择的各摩擦参数如下，即

$$\begin{aligned}&M_{fc}=0.04\mathrm{Nm},\quad M_{fs}=0.015\mathrm{Nm}\\&k_\tau=100\mathrm{s}^2/\mathrm{rad}^2,\quad B=0.015\mathrm{Nm}\cdot\mathrm{s/rad}\end{aligned} \tag{2.29}$$

伸杆机构摩擦力矩-展开速度曲线如图 2-6 所示。可以看出，低速情况下的总摩擦力矩均值为 0.05Nm。

当存储筒中心轴绕输出筒转动 θ_f角度后，摩擦力矩消耗的能量可表示为

$$U_f(l)=\int_0^{\theta_f}M_f\mathrm{d}\theta\approx M_{f1}\frac{l}{D/2} \tag{2.30}$$

式中，M_{f1} 为伸杆机构的等效摩擦力矩，M_{f1}=0.05Nm；l 为柔性伸杆已展开部分的长度；$U_f(l)$为柔性伸杆伸展长度 l 的函数，$0\leqslant l\leqslant L$，$l=L$ 时取得最大值。

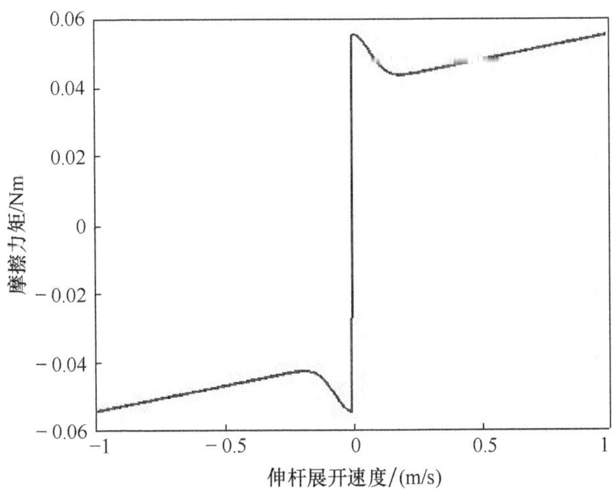

图 2-6　伸杆机构摩擦力矩-展开速度曲线

下面分析伸杆机构在伸展、收拢过程中的能量流传递关系。在伸展过程中，电机提供驱动能，柔性伸杆释放压平变形能和卷曲变形能，弹簧铰链存储弹性势能，摩擦力矩消耗能量。考虑整个伸展过程中，为保证柔性伸杆无褶皱展开，电机提供的能量 $U_m(L)$须大于等于弹簧铰链存储的能量 $U_s(L)$与摩擦力矩消耗的能量 $U_f(L)$之和。在收拢过程中，电机提供驱动能，柔性伸杆存储压平和卷曲变形能，弹簧铰链释放弹性势能，摩擦力矩消耗能量。同理，在整个收拢过程中，为保证柔性伸杆实现无褶皱压平，电机提供的能量 $U_m(L)$须大于等于柔性伸杆压平的能量 $U_{bf}(0)$。同时，为保证柔性伸杆无褶皱卷曲，弹簧铰链存储的总能量 $U_s(L)$须大于等于柔性伸杆弯曲的能量 $U_{bw}(0)$与摩擦力矩消耗的能量 $U_f(L)$之和[38]。

上述能量流关系只是从总能量的角度描述伸杆机构伸展和收拢的整个过程，为了进一步研究伸展和收拢过程中的能量流传递关系，可由式(2.6)、式(2.22)~式(2.24)、式(2.27)和式(2.30)绘制伸展过程中系统各部分能量随柔性伸杆展开长度的变化曲线。如图 2-7 所示，为定性表征变化关系，不失一般性，计算能量时采用初始给定的某设计参数。$U_s(l)$曲线最高点 $U_s(L)$大于 $U_{bw}(l)$曲线最高点 $U_{bw}(0)$加上 $U_f(l)$曲线最高点 $U_f(L)$，满足上述能量流传递关系。为了保证整个伸展过程($0\leqslant l\leqslant L$)中柔性伸杆始终处于紧密无皱褶卷曲状态，除了满足上述能量流传递关系，还须保证弹簧输出力矩 T_s始终大于柔性伸杆的卷曲力矩 M_x与摩擦力矩 M_f之和，即

$$T_s \geqslant M_x + M_f \tag{2.31}$$

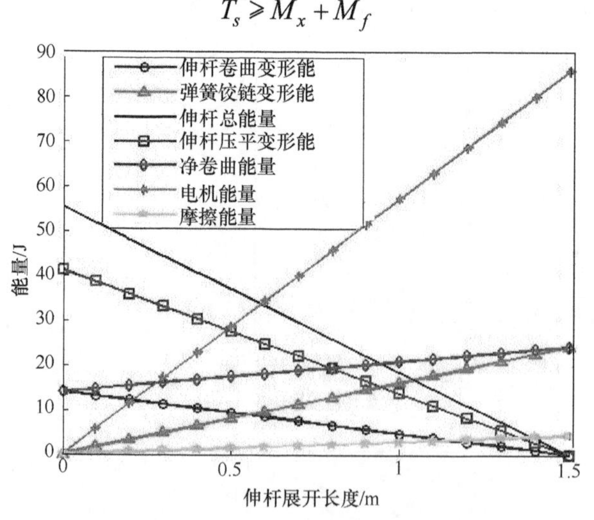

图 2-7　伸杆机构各部分的能量流关系

将上式两边同除 $D/2$，对比式(2.6)、式(2.24)、式(2.31)易知，$T_s/(D/2)$、$M_x/(D/2)$和 $M_f/(D/2)$恰好是能量函数 $U_s(l)$、$U_{bw}(l)$和 $U_f(l)$对 l 的导数，可表示为

$$\frac{T_s}{D/2} \geqslant \frac{M_x + M_f}{D/2}, \quad \frac{\mathrm{d}}{\mathrm{d}l}U_s(l) \geqslant -\frac{\mathrm{d}}{\mathrm{d}l}U_{bw}(l) + \frac{\mathrm{d}}{\mathrm{d}l}U_f(l) \tag{2.32}$$

整理可得

$$\frac{\mathrm{d}}{\mathrm{d}l}U_s(l) + \frac{\mathrm{d}}{\mathrm{d}l}U_{bw}(l) - \frac{\mathrm{d}}{\mathrm{d}l}U_f(l) \geqslant 0 \tag{2.33}$$

因此，在图 2-7 中引入净卷曲能量 $U_n(l)$，$U_n(l)=U_s(l)+U_{bw}(l)-U_f(l)$，其中 $U_s(l)$为弹簧铰链的弹性势能、$U_{bw}(l)$为柔性伸杆的卷曲变形能，$U_f(l)$为摩擦力矩消耗的能量，可直接利用 $U_n(l)$斜率为非负表示伸杆系统能量流的约束条件。从另一个角度看，非负的斜率意味着，柔性伸杆在收拢状态下比伸展状态具有更低的能量，这也是其能够紧密无褶皱卷曲存储的保证。

同理，考虑 $U_m(L)$大于等于 $U_{bf}(0)$，$U_m(L)$大于等于 $U_s(L)+U_f(L)$时，也要求电机输出力矩 M_m 大于等于柔性伸杆压平力矩 M_y，电机力矩 M_m 大于等于弹簧铰链输出力矩 T_s 加上摩擦力矩 M_f 之和，表示为 $U_m(l)$、$U_{bf}(l)$、$U_s(l)$和 $U_f(l)$的导数后，即可用 U_m+U_{bf}和 $U_m-U_s-U_f(l)$的斜率来描述系统的能量流约束条件。

结合式(2.6)、式(2.22)、式(2.27)、式(2.30)和式(2.33)，实现柔性伸杆无褶皱地伸展和收拢的能量流约束条件可表示为

$$\begin{cases} \dfrac{\mathrm{d}}{\mathrm{d}l}(U_s(l) + U_{bw}(l) - U_f(l)) \geqslant 0 \\ \dfrac{\mathrm{d}}{\mathrm{d}l}(U_m(l) + U_{bf}(l)) \geqslant 0 \\ \dfrac{\mathrm{d}}{\mathrm{d}l}(U_m(l) - U_s(l) - U_f(l)) \geqslant 0 \end{cases} \tag{2.34}$$

2.4.2　空间伸杆机构的优化设计

在上述伸杆机构各部分力学特性及能量流约束条件分析的基础上，以最小化系统能量为原则对其进行参数匹配研究，以保证柔性伸杆无皱褶地完成伸展和收拢过程。考虑柔性伸杆中的最大应力对系统能量影响较大，优化目标之一是最小化柔性伸杆的正应力和切应力。同时，考虑主被动驱

动源的特殊性，选择弹簧铰链的质量和电机的功率作为另一优化目标。由此，可将优化目标函数表示为

$$\begin{aligned} M_1 &= p_1\sigma_{\max} + p_2\tau_{\max} + p_3 m_s + p_4 P_m \\ &= \min f_1(r_1, r_2, y_{0,1}, w_0, D, t, L, d_1, d_2, L_s, t_1, b_1, M_m, R_m, \omega_m) \end{aligned} \tag{2.35}$$

式中，p_1、p_2、p_3 和 p_4 为权重因子。

设计变量包括柔性伸杆截面两段圆弧的半径 r_1 和 r_2、中间圆弧圆心的纵坐标 $y_{0,1}$、直线段的长度 w_0、薄壁厚度 t、柔性伸杆的全长 L；卷筒的直径 D；弹簧铰链存储筒和输出筒的内直径 d_1 和 d_2；弹簧铰链的厚度 t_1、宽度 b_1 和全长 L_s；电机的力矩 M_m、输出轮半径 R_m 和转速 ω_m。其向量形式为

$$X_1 = \left[r_1\ r_2\ y_{0,1}\ w_0\ D\ t\ L\ d_1\ d_2\ L_s\ t_1\ b_1\ M_m\ R_m\ \omega_m \right]^{\mathrm{T}} \tag{2.36}$$

考虑柔性伸杆及存储装置的结构尺寸和工程经验，给出设计变量的可行域，即

$$\begin{cases} r_1, r_2 \in [2,3]\text{cm}, \quad y_{0,1} \in [0,1.5]\text{cm} \\ w_0 \in [1,2]\text{cm}, \quad D \in [7,9]\text{cm} \\ t \in [0.25,0.35]\text{mm}, \quad L \in [1.5,2]\text{m} \\ d_1 \in [14,20]\text{mm}, \quad d_2 \in [24,30]\text{mm} \\ L_s \in [55,80]\text{cm}, \quad t_1 \in [0.2,0.3]\text{mm} \\ b_1 \in [10,16]\text{mm}, \quad M_m \in [1,3]\text{Nm} \\ R_m \in [30,40]\text{mm}, \quad \omega_m \in [10,30]\text{r/min} \end{cases} \tag{2.37}$$

从物理约束角度来看，柔性伸杆中的最大正应力 $\sigma_{\max}$ 和切应力 $\tau_{s\_\max}$ 必须小于最大许用应力[σ]和[τ](785MPa)，而且系统各部分参数设计必须满足能量流约束条件(式(2.35))。从几何尺寸约束来看，柔性伸杆压平后的宽度 w 必须小于 12cm，弹簧铰链的最大几何长度 X_s 必须小于卷筒的半径 D，弹簧铰链的长度 L_s 必须大于最小长度 $L_{s,\min}$。此外，柔性伸杆的展开时间 t_d 必须小于 60s，柔性伸杆一阶振动频率 λ 必须大于 5Hz[99]。综上，约束条件可表示为

$$\begin{cases} \sigma_{\max} \leqslant 785 \text{ MPa}, \\ \tau_{\max} \leqslant 785 \text{ MPa} \\ \dfrac{\mathrm{d}}{\mathrm{d}l}(U_s(l)+U_{bw}(l)-U_f(l))>0 \\ \dfrac{\mathrm{d}}{\mathrm{d}l}(U_m(l)+U_{bf}(l))>0 \\ \dfrac{\mathrm{d}}{\mathrm{d}l}(U_m(l)-U_s(l)-U_f(l))>0 \\ w \leqslant 12 \text{ cm},\ X_s < D/2,\ L_s > L_{eq} \\ t_d < 60s \\ \lambda = \dfrac{1}{2\pi}\sqrt{\dfrac{3EI}{ml^3+0.236ql^4/g}} \geqslant 5 \text{ Hz} \end{cases} \tag{2.38}$$

在有关 λ 的表达式中，I 为截面的惯性矩，即 I_x 或 I_y；其他变量定义见公式(2.13)。

基于匹配模型，利用顺序二次规划法(sequential quadratic programming method, SQP)分别对柔性伸杆和主被动复合驱动机构进行参数匹配研究[100]。参数匹配流程图如图 2-8 所示。

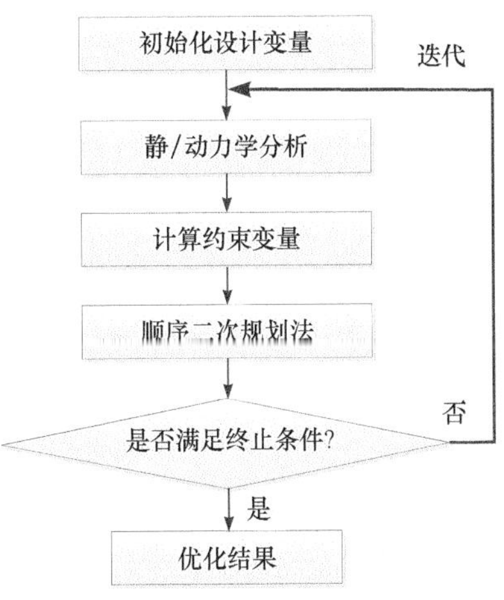

图 2-8　参数匹配流程图

式(2.36)中的设计变量初值选取如下，即

$$\begin{aligned} X_{1,0} &= \left[r_1\ r_2\ y_{0,1}\ w_0\ D\ t\ L\ d_1\ d_2\ L_s\ t_1\ b_1\ M_m\ R_m\ \omega_n\right]^{\mathrm{T}} \\ &= [3\text{cm}\ 2\text{cm}\ 1\text{cm}\ 1.5\text{cm}\ 8\text{cm}\ 0.3\text{mm}\ 2\text{m}\ 18\text{mm} \\ &\quad\ 28\text{mm}\ 70\text{cm}\ 0.25\text{mm}\ 14\text{mm}\ 2\text{Nm}\ 35\text{mm}\ 25\text{r/min}]^{\mathrm{T}} \end{aligned} \tag{2.39}$$

式(2.39)中的权重因子选取如下，即

$$p_1 = 0.25,\quad p_2 = 0.25,\quad p_3 = 0.25,\quad p_4 = 0.25 \tag{2.40}$$

综合考虑精度和效率，SQP 的终止条件取为 0.001。整个优化过程可以通过 MATLAB 进行求解。式(2.36)中的目标函数优化结果如图 2-9 所示。

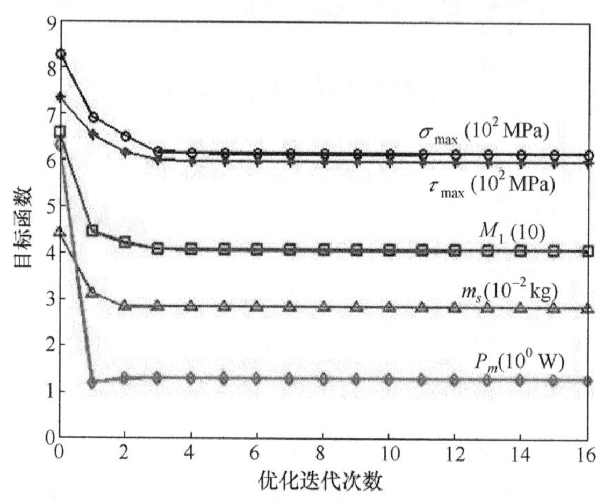

图 2-9　伸杆机构参数匹配结果

经过若干次迭代得到的设计变量的最终优化结果为

$$\begin{aligned} X_{1,t} &= \left[r_1\ r_2\ y_{0,1}\ w_0\ D\ t\ L\ d_1\ d_2\ L_s\ t_1\ b_1\ M_m\ R_m\ \omega_n \right]^{\mathrm{T}} \\ &= [2.4\text{cm}\ 2.4\text{cm}\ 0\text{cm}\ 1\text{cm}\ 9\text{cm}\ 0.3\text{mm}\ 1.69\text{m}\ 16\text{mm} \\ &\quad 26\text{mm}\ 61.5\text{cm}\ 0.2\text{mm}\ 14.5\text{mm}\ 2\text{Nm}\ 20\text{mm}\ 12\text{r/min}]^{\mathrm{T}} \end{aligned} \tag{2.41}$$

考虑工程应用中的其他因素，例如电机输出速度与力矩的关系，可以用来选定电机的转速与力矩。电机力矩与展开时间、电机转速曲线如图 2-10 所示。考虑最大展开时间与最小输出力矩的要求，最终选定电机的转速为 15r/min，力矩为 1.5Nm。另外，考虑柔性伸杆材料加工的工艺需求，柔性伸杆厚度取 0.25mm。最终确定伸杆机构的所有设计变量。柔性伸杆参数匹配结果如表 2-2 所示。

根据优化结果可以计算整个伸杆机构的伸展/收拢比 Q_1、载荷/自重比 Q_2，即

$$\begin{aligned} Q_1 &= \frac{L}{D} = \frac{1.69\text{m}}{9\text{cm}} = 18.8 \\ Q_2 &= \frac{m}{m_0} = \frac{0.7\text{kg}}{0.53\text{kg}} = 1.32 \end{aligned} \tag{2.42}$$

式中，L 为柔性伸杆全长；D 为卷筒的直径；m 为载荷的质量；m_0 为伸杆及卷筒的质量。

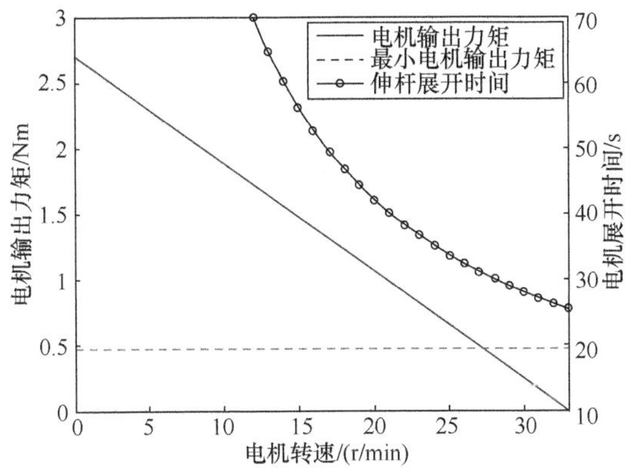

图 2-10　电机力矩与展开时间、电机转速曲线

表 2-2　柔性伸杆参数匹配结果

参数	符号	数值
柔性伸杆截面圆弧 1 半径/cm	r_1	2.4
柔性伸杆截面圆弧 2 半径/cm	r_2	2.4
圆弧 1 圆心在 y 轴的坐标/cm	$y_{0.1}$	0
柔性伸杆截面直线段长度/cm	w_0	1.0
卷筒直径/cm	D	9
柔性伸杆壳厚度/mm	t	0.25
柔性伸杆的全长/m	L	1.5
弹簧铰链存储筒内直径/mm	d_1	16
弹簧铰链输出筒内直径/mm	d_2	26
弹簧铰链的长度/cm	L_s	65
弹簧铰链的厚度/mm	t_1	0.2
弹簧铰链的宽度/mm	b_1	12
电机输出力矩/Nm	M_m	1.5
电机输出轮半径/mm	R_m	17.5
电机的转速/(r/min)	ω_m	15

2.5 空间伸杆机构的有限元仿真

数值仿真技术是利用计算机模拟空间伸杆机构的实际工作情况，预测并验证理论设计结果的正确性。在三维建模的基础上，可以利用 Ansys 有限元仿真技术，验证空间伸杆机构的各种力学性能，并与理论计算结果相比较，从动力学层面验证理论设计的有效性。

2.5.1 空间伸杆机构的静力学分析

1. 弯曲分析

如图 2-11 所示，在 ProE 软件中绘制柔性伸杆的三维模型，并导入 Ansys 有限元分析软件。在 Ansys 中利用 solid-shell(solsh190)单元对柔性伸杆进行网格划分，对于 1.5m 长的伸杆，单元宽度设置成 5mm，基本可以满足计算精度的要求。然后，在伸杆的自由端固定一个刚性平板，其质量为 0.7kg，模拟额定载荷。刚性平板与伸杆的末端采用接触进行连接，并将接触单元设置成 Bonded (always)，保证在加载时两者不分开。

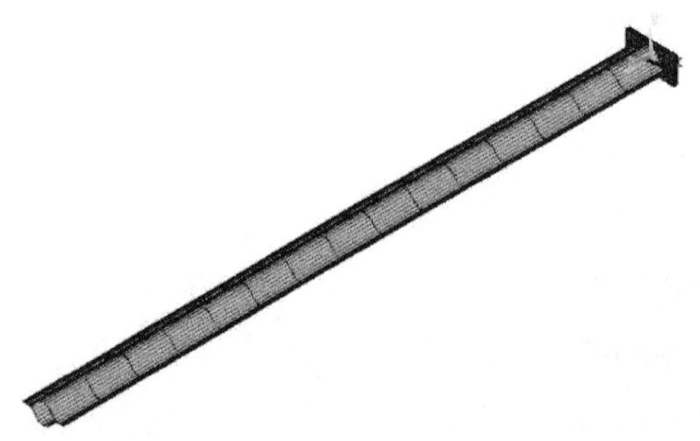

图 2-11 柔性伸杆弯曲有限元分析

在 Ansys 后处理中，能直接读出柔性伸杆的最大弯曲正应力，但不能直接计算截面的惯性矩，可利用间接的方法得到。给整个系统施加一沿 y 轴负方向的重力加速度，并且在伸杆自由端加上质量 m=0.7kg 的载荷。当柔性伸杆自由端受到 $F=mg$ 的力时，其最大挠度为 $\Delta_{x1}=Fl^3/3EI_x$，其中 l 是伸杆的长度，E 是伸杆的弹性模量，F 是自由端载荷。悬臂梁受单位长度为 q 的均匀载荷，最大挠度为 $\Delta_{x2}=ql^3/8EI_x$，其中 $q=L_0t\rho g$ 是伸杆重力的均匀载荷，L_0 为伸杆截面的总周长，t 为伸杆截面的厚度，ρ 为伸杆材料的密度，g 为重力加速度。这两种载荷对伸杆的作用可以叠加，总的挠度为[101]

$$\Delta_x = \Delta_{x1} + \Delta_{x2} = \frac{Fl^3}{3EI_x} + \frac{ql^3}{8EI_x} = \frac{8Fl^3 + 3ql^3}{24EI_x} \tag{2.43}$$

通过 Ansys 处理，可以得到总挠度 Δ_x=0.006131，利用上式即可计算伸杆截面对 x 轴的转动惯量，即

$$I_x = \frac{8Fl^3 + 3ql^3}{24E\Delta_x} \tag{2.44}$$

伸杆在受到沿 y 轴的重力时，应力云图如图 2-12 所示。

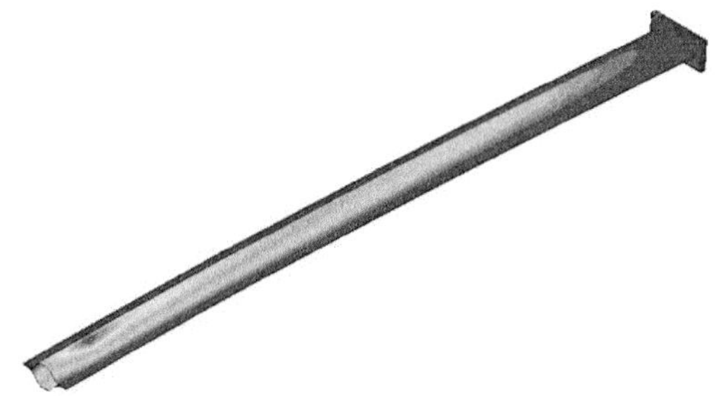

图 2-12　伸杆沿 y 轴方向受载的应力云图

同理，在 Ansys 仿真中对伸杆系统施加沿 x 轴的重力，应力云图如图 2-13 所示。计算可得伸杆自由端的最大偏移(挠度)Δ_y=0.00136。同理，可得

$$I_y = \frac{8Fl^3 + 3ql^3}{24E\Delta_y} \tag{2.45}$$

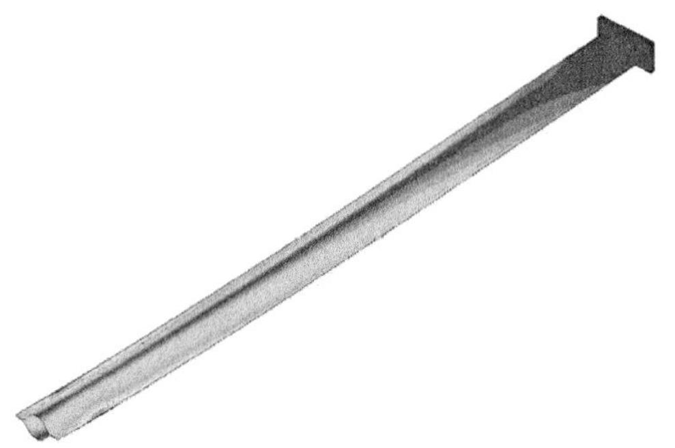

图 2-13　伸杆沿 x 轴方向受载的应力云图

柔性伸杆弯曲应力及惯性矩的理论计算公式见式(2.10)~式(2.13)。伸杆

弯曲的有限元分析与理论值比较如表 2-3 所示。

表 2-3　伸杆弯曲的有限元分析与理论值比较

项目	$I_x/10^{-8}\ \mathrm{m}^4$	$I_y/10^{-8}\ \mathrm{m}^4$	σ_x/MPa	σ_y/MPa
理论计算	1.0994	4.9743	25.015	11.88
Ansys 分析	1.0928	4.9266	26.5	12.4

可以看出，理论计算结果与有限元仿真结果十分接近，且系统应力远低于材料的极限，从而验证了设计的合理性。

2. 扭转分析

扭转分析建模方法与弯曲分析类似。伸杆扭转的有限元模型如图 2-14 所示。通过 Ansys 处理可直接读出柔性伸杆的最大扭转切应力，但不能直接计算截面的扭转惯量。同理，可利用间接的方法建立与弯曲分析相同的伸杆模型。在柔性伸杆的自由端固定一个刚性平板，可以防止伸杆端面在扭转过程中的变形，但不设置平板的质量，只在平板上施加力矩。通过 Ansys 分析可知，伸杆自由端的最大偏角(挠度)θ，当柔性伸杆的自由端受到大小为 M 的力矩时，其最大转角是 $\theta = ML/GJ_t$，其中 L 是柔性伸杆的长度，G 是柔性伸杆的剪切模量，M 是自由端扭矩。

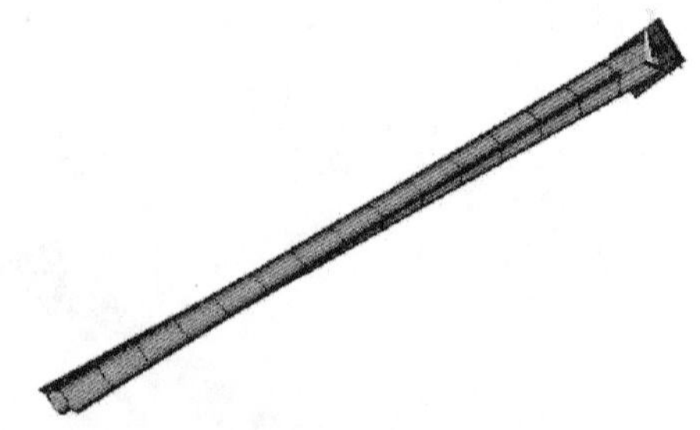

图 2-14　伸杆扭转的有限元模型

伸杆扭转的应力云图如图 2-15 所示。从计算结果中读出 θ，便可得到柔性伸杆截面对中心点的转动惯量，即

$$J_t = \frac{ML}{G\theta} \tag{2.46}$$

柔性伸杆扭转应力及惯性矩的理论计算公式见式(2.15)和式(2.16)。伸

杆扭转的有限元分析与理论值比较如表 2-4 所示。

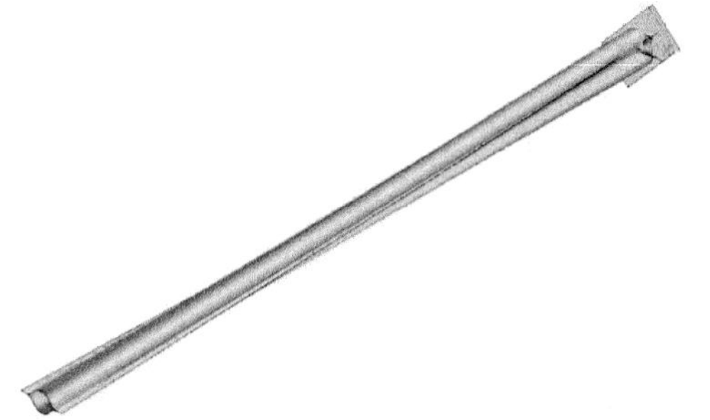

图 2-15　伸杆扭转的应力云图

表 2-4　伸杆扭转的有限元分析与理论值比较

项目	$J_t/10^{-8}\ \mathrm{m}^4$	τ_m/MPa
理论计算	1.9801	0.1203
Ansys 分析	1.34	0.1267

可以看出，τ_m 理论计算结果与实际仿真结果是比较接近的，但是 J_t 的计算结果与实际仿真结果有一定差距。这可能有两方面的原因。一方面是，理论计算时没有考虑边缘的影响，而有限元分析时却考虑边缘的影响。另一方面是，G 的值不确定，对结果会产生较大的影响。

2.5.2　空间伸杆机构的动力学分析

1. 模态分析

模态分析主要是得到伸杆的振动频率、振型，会对设计起到一定的指导作用。柔性伸杆的一阶、二阶振动频率计算公式见式(2.38)。伸杆的一阶模态云图如图 2-16 所示。柔性伸杆的前 10 阶频率如表 2-5 所示。

表 2-5　柔性伸杆的前 10 阶频率

指标	阶数									
	1	2	3	4	5	6	7	8	9	10
频率/Hz	6.4736	13.748	122.18	124.41	253.52	388.32	399.31	404.47	706.38	723.69

可以看出，柔性伸杆的前两阶频率与理论计算的结果很相近(理论计算

的一阶频率为 6.4770，二阶频率为 13.7771)。

图 2-16　伸杆的一阶模态云图

2. 压平分析

为计算伸杆在压平过程中的最大应力和能量，建立伸杆半截面压平的有限元模型，如图 2-17 所示。

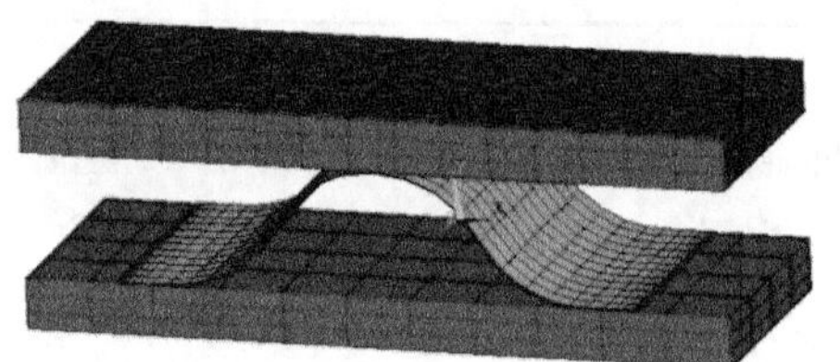

图 2-17　伸杆半截面压平的有限元模型

由于柔性伸杆截面的对称性，为简化计算，将伸杆的压平过程简化为 1/2 个伸杆截面的压平过程。

上下两个长方体采用 soild45 单元，设置成刚体，约束下面刚体的所有自由度，上面的刚体只有 y 轴方向自由度。在压平过程中，让上面的刚性块缓慢垂直向下运动，直至柔性伸杆完全压平。

中间柔性伸杆的长度为 2 cm，被划分成 1000 个 shell 164 单元。伸杆边缘段限制其在 y 轴方向的自由度。中心对称面限制在 x 轴方向的自由度。

伸杆与刚体之间存在两个 ASTS(automatic surface to surface)型接触。它们的设置方法基本相同，都是将伸杆看成接触面，将刚体看成目标面，采用 TARGE170 和 CONTA174 接触单元。在仿真设置中，接触刚度的设置和时间步长的选择是关键，选择较小的接触刚度会保证结果的收敛性，大大节约仿真时间，但较小的接触刚度意味着较大的穿透和计算精度的下降。

因此，必须确定一个正确、合适的接触刚度。这里选择的是 0.02。在设置时间步长时，只需设置仿真时间和步长的频数，而不是直接指定仿真步长时间。这样可以保证结果的正确性。这里设置仿真时间为 1s，步长最小值为 10。

柔性伸杆压平过程的理论公式见式(2.17)。柔性伸杆压平的有限元分析及中性面应力分布如图 2-18 所示。伸杆压平的有限元分析与理论值比较如表 2-6 所示。

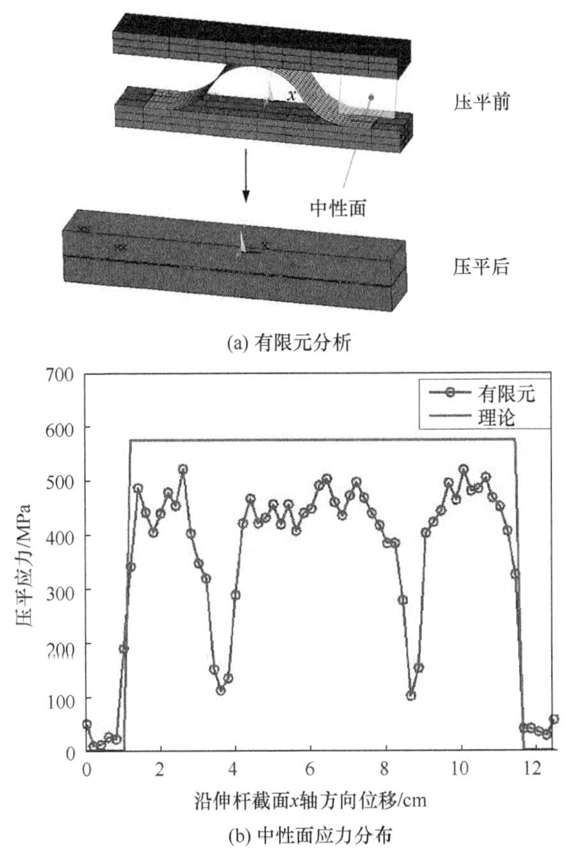

图 2-18　柔性伸杆压平的有限元分析及中性面应力分布

总的来说，理论计算值与 Ansys 有限元分析结果比较接近，但是存在一些大的偏差(x=3.6, 8.6)和一些小的波动。在 x=3.6 和 8.6 处，大偏差是必然的，因为理论计算基于中性面的基本假设，伸杆中性面所有点曲率都相同，应力如图 2-18 (b)所示，为常值。在有限元分析过程中，如图 2-18(b)

点划线所示，伸杆截面的曲率有一个突然的转折，不能将伸杆的中性面曲率看成不变，在转折点处，应力会减小。在其他位置，小的波动可能是压平过程中不均匀和有限元的数值误差造成的。

表 2-6　伸杆压平的有限元分析与理论值比较

项目	压平应力/MPa
理论计算	573
Ansys 分析	513

3. 卷曲分析

为计算柔性伸杆在卷曲过程中的最大应力和能量变化，建立柔性伸杆卷曲的有限元模型，如图 2-19 所示。模型中设计一个刚性的圆体模拟卷筒，将压平后的伸杆看成长方形平板。为节约仿真时间，只分析长度为 30cm 的半个柔性伸杆壳体，另外加入 6 个限位杆，保证柔性伸杆始终紧密缠绕于卷筒之上。材料、单元、接触等的定义方法与压平过程类似。柔性伸杆的末端与卷筒固定，在伸杆卷曲过程中，卷筒绕其中心轴转动，带动伸杆完成卷曲。

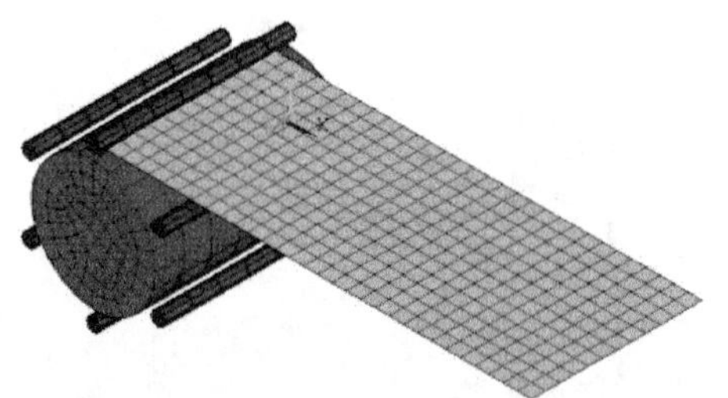

图 2-19　柔性伸杆卷曲的有限元模型

柔性伸杆卷曲过程的理论公式见式(2.19)。柔性伸杆卷曲的有限元分析及中性面应力分布如图 2-20 所示。两者的比较如表 2-7 所示。

表 2-7　伸杆卷曲有限元分析与理论值比较

项目	卷曲应力/MPa
理论计算	612
Ansys 分析	648

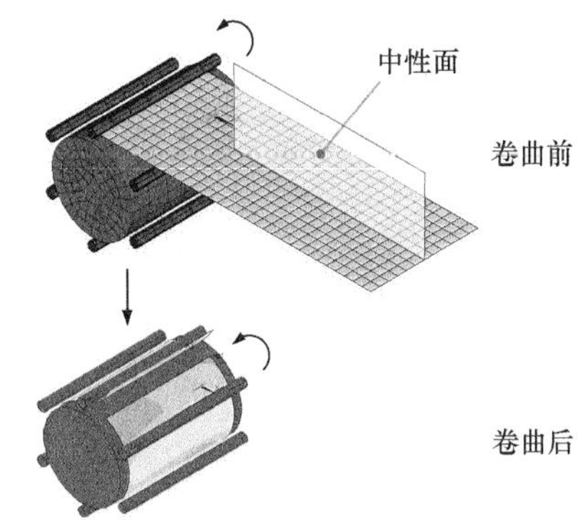

(a) 有限元分析结果

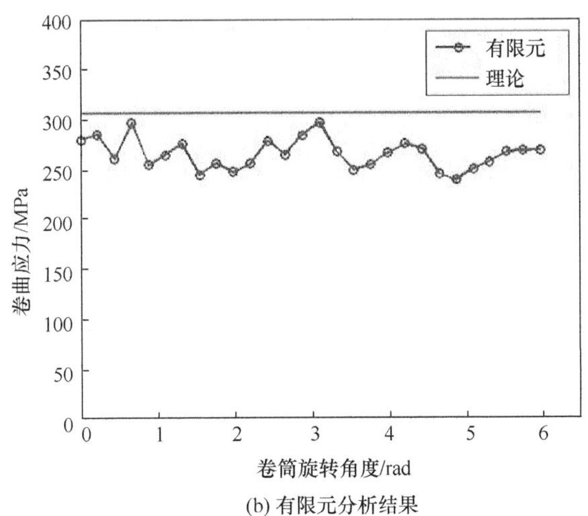

(b) 有限元分析结果

图 2-20　柔性伸杆卷曲的有限元分析及中性面应力分布

总的来说，理论计算值与 Ansys 有限元分析结果比较接近，但是存在一些小的波动。在 x=3.6 和 8.6 处存在大偏差，与压平分析的结果类似，可能是压平过程的不均匀和有限元的数值误差造成的。

2.5.3　空间伸杆机构的能量分析

分析柔性伸杆的能量对研究整个伸杆机构系统的能量流有重要的意义，这里仅分析柔性伸杆在压平和卷曲过程中的能量。柔性伸杆压平和卷曲过程能量的理论公式见式(2.22)和式(2.23)，利用 Ansys 计算结果分别绘制压平过程中柔性伸杆的能量随上面刚体位移的曲线。柔性伸杆的能量分析如图 2-21 所示。伸杆能量有限元分析与理论值比较如表 2-8 所示。

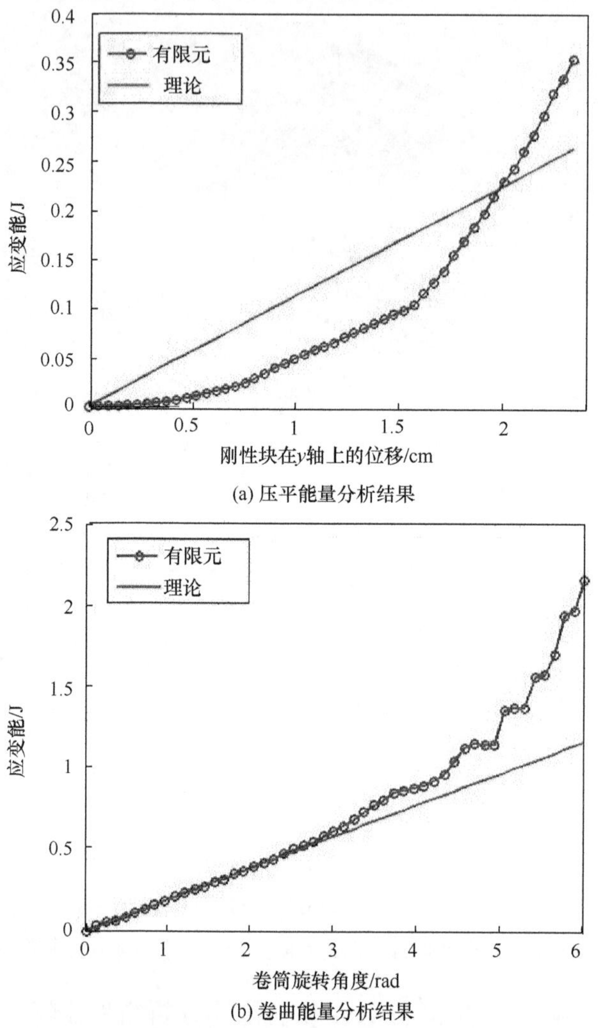

(a) 压平能量分析结果

(b) 卷曲能量分析结果

图 2-21　柔性伸杆的能量分析

表 2-8　伸杆能量有限元分析与理论值比较

项目	压平能量/J	卷曲能量/J
理论计算	0.2617	1.17
Ansys 分析	0.3530	1.38

可以看出，理论计算是将能量看成简单的线性关系，所以与有限元的分析结果有一定的偏差，特别是在位移大和角度大的情况下有一定的偏差。

但是总的来说，理论计算与有限元分析在整体趋势上是一致的。

2.6 小　结

本章针对微纳探测器的应用需求，基于主被动复合驱动思想提出一种新型伸缩式空间伸杆机构，研究弹簧铰链的力矩驱动特性和柔性伸杆的力学特性，然后建立柔性伸杆伸展速度与负载动能、弹簧铰链势能及电机驱动力矩等参数的能量流平衡方程，完成主动(电机)、被动(弹簧铰链)驱动源和柔性伸杆的参数匹配研究，最后利用有限元仿真软件验证理论分析的结果为后续的动力学建模奠定了基础。

第 3 章　空间伸杆机构的动力学建模

3.1　引　　言

在完成空间伸杆机构参数匹配的基础上，需要对伸杆机构进行动力学建模。针对空间伸杆机构的非线性、时变性、变拓扑结构、强耦合等特点，如何精确描述伸杆动能与势能是动力学建模的难点。伸杆机构的展开/收缩动力学特性是亟待解决的关键问题。然而，伸杆机构动力学模型的简易性与精确度无法兼得，如何深入分析柔性伸杆力学、能量特性，结合铰链力矩特性，以及主、被动驱动的复合作用机理，合理建立伸杆机构的动力学模型是本章的重点。

本章在弹簧铰链、电机等子件的建模基础上，结合柔性伸杆在伸展/收拢过程中的弯曲、扭转、压平，以及卷曲等力学性能分析，建立基于 Lagrange 方程的完整动力学模型。值得注意的是，由于系统的复杂性，包括柔性伸杆、铰链等子件，以及相互之间的摩擦力等都难以精确建模，为了后续控制的方便，将其进行线性化或二次化处理，分成可建模部分与不确定项。不确定项又可分为常、变参数不确定和未建模动态项。进行必要的简化，可以为控制方案提供合理、适用的系统模型，进行伸杆机构动力学模型的不确定性分析。

3.2　空间伸杆机构的完整动力学模型

伸杆机构的参数化模型如图 3-1 所示。电机在主动引导轮处提供驱动力矩 T_1，弹簧铰链提供反向力矩 T_2，卷曲的柔性伸杆提供弯曲力矩 T_3，柔性伸杆沿 x 轴方向单位长度压平所需的能量 U_{bf1}，f 为卷筒处的摩擦力矩。为了简化建模过程，假设柔性伸杆与主动引导轮之间没有相对滑动，柔性伸杆始终紧密卷曲于卷筒之上。

由于 x 是系统唯一的状态变量，因此系统的总动能 E 可以表示为载荷

平动动能与卷筒转动动能之和，即

$$E=\frac{1}{2}(m_0+m_1)\dot{x}^2+\frac{1}{2}J\left(\frac{\dot{x}}{R}\right)^2 \tag{3.1}$$

式中，m_0 为载荷的质量；m_1 为伸杆展开段的质量；J 为卷筒加伸杆卷曲段的转动惯量；R 为卷筒加上伸杆卷曲段后的直径。

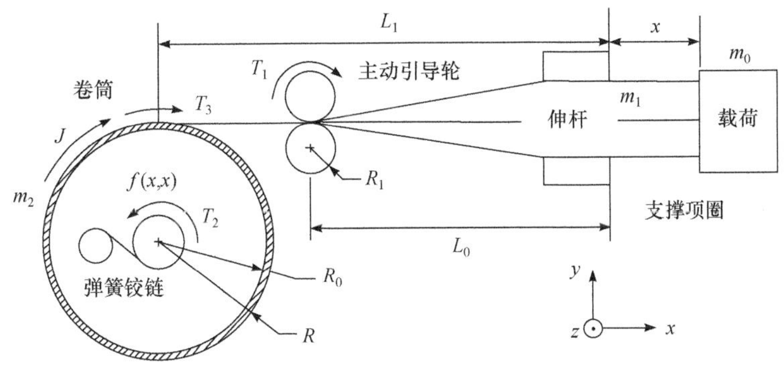

图 3-1　伸杆机构的参数化模型

然而，变量 m_1、J 和 R 并非常值，可以写成 x 的函数，即

$$\begin{aligned}
&m_1(x)=\rho(L_1+x)\\
&m_2(x)=\rho(L_b-L_1-x)\\
&R(x)=R_0+\frac{L_b-L_1-x}{2\pi R_0}2t\\
&J(x)=\frac{1}{2}m_2(x)(R(x)^2+R_0^2)+\left(J_0-\frac{m_s s^2}{L_b-L_1}x\right)
\end{aligned} \tag{3.2}$$

式中，ρ 为柔性伸杆的线密度；L_b 为柔性伸杆的全长；L_1 为卷筒到支撑项圈的长度；m_2 为柔性伸杆卷曲段的质量；R_0 为卷筒的半径；t 为柔性伸杆壳的厚度；J 的第一部分代表柔性伸杆弯曲段的转动惯量，第二部分代表卷筒的转动惯量，随着伸杆的展开，弹簧铰链中的弹簧条会从存储筒转移到输出筒上，卷筒的转动惯量也会减小；J_0 为卷筒初始的转动惯量；m_s 为弹簧条的质量；s 为弹簧铰链输出筒与存储筒的中心距。

将式(3.2)代入式(3.1)可得到伸杆机构的完整动能表达式，即

$$\begin{cases}
E=\dfrac{1}{2}M_0(x)\dot{x}^2\\
M_0(x)=m_0+\rho(L_1+x)+\rho(L_b-L_1-x)\left(\dfrac{R(x)^2+R_0^2}{2R(x)^2}\right)+\dfrac{J_0-m_s s^2 x/(L_b-L_1)}{R(x)^2}
\end{cases} \tag{3.3}$$

式中，$M_0(x)$为系统广义质量。

伸杆机构系统的势能 U 包括弹簧铰链弹性势能 U_s，单个 Ω 形柔性伸杆卷曲的弹性势能 U_{bw_half}，单个 Ω 形柔性伸杆压平的弹性势能 U_{bf_half}。因此，系统的势能可表示为[96]

$$U = U_s - 2U_{bw\_half} - 2U_{bf\_half} = \int_0^x \frac{T_2}{R(x)}\mathrm{d}x - 2\int_0^x \frac{T_3^2}{2E_b I_z}\mathrm{d}x - 2\int_0^x U_{bf1}\mathrm{d}x \tag{3.4}$$

式中，T_2 为弹簧铰链的扭转力矩；T_3 为单个 Ω 形柔性伸杆弯曲提供的弯曲力矩；E_b 为伸杆材料的弹性模量；I_z 为单个 Ω 形柔性伸杆沿 z 轴的惯性矩；U_{bf1} 为单个 Ω 形柔性伸杆沿 x 轴方向单位长度压平的弹性势能。

式(3.4)中弹簧铰链的扭转力矩 T_2 不是常值，可以看成 x 的函数，因此式(3.4)中 T_2 可表示为[38]

$$\begin{aligned} &T_2(x) = N\frac{E_1 b_1 D_2(x) t_1^3}{12(1-\mu_1^2)}\left(\frac{1}{D_1(x)} + \frac{1}{D_2(x)}\right)^2 \\ &\pi D_2(x)^2/4 = \pi d_2^2/4 + c t_1 x \\ &\pi D_1(x)^2/4 = \pi d_1^2/4 + c t_1 (L_b - L_1 - x) \end{aligned} \tag{3.5}$$

式中，N 为弹簧铰链的个数(N=2)；E_1、b_1、t_1 和 μ_1 分别对应弹簧条的弹性模量、宽度、厚度和泊松比；D_1 和 d_1 分别为弹簧铰链输出筒的外直径和内直径；D_2 和 d_2 分别为弹簧铰链存储筒的外直径和内直径；c 为载荷位移与弹簧条位移之间的系数。

式(3.4)中，单个 Ω 形柔性伸杆弯曲提供的弯曲力矩 T_3 可表示为

$$T_3(x) = \frac{E_b I_z}{R(x)} \tag{3.6}$$

单个 Ω 形柔性伸杆沿 x 轴方向单位长度压平的弹性势能 U_{bf1} 可表示为

$$U_{bf1}(x) = \int_0^{W_b} \frac{M_x^2(x)}{2E_b I_x}\mathrm{d}w \tag{3.7}$$

式中，M_x 为单个 Ω 形柔性伸杆沿 x 轴方向单位长度的压平力矩；I_x 为柔性伸杆沿 x 轴方向的惯量矩($I_x=t^3/12$)；t 为柔性伸杆的壁厚；W_b 为伸杆压平后的宽度。

然后，将式(3.5)~式(3.7)代入式(3.4)可以得到伸杆系统完整的势能，即

$$U_{bf1}(x) = \int_0^{W_b} \frac{M_x^2(x)}{2E_b I_x}\mathrm{d}w \tag{3.8}$$

设 $L=E-U$，伸杆系统的 Lagrange 方程可以表达为

$$\frac{\mathrm{d}}{\mathrm{d}t}\left(\frac{\partial L}{\partial \dot{x}}\right)-\frac{\partial L}{\partial x}=Q \tag{3.9}$$

式中，Q 为伸杆系统的广义力，即作用于伸杆机构 x 轴上的所有非有势力。

在设计的伸杆机构中，广义力 Q 包括卷筒中心轴处的摩擦力矩 f 和电机的驱动力矩 T_1。

首先，重点考虑伸杆系统的摩擦力，基于 Stribeck 摩擦模型的分析结果，考虑伸杆机构在卷筒处的摩擦力矩 f[98]，即

$$f(x,\dot{x})=(f_c+f_s\exp(-f_\tau\dot{x}^2))\operatorname{sgn}(\dot{x})+b\dot{x}+f_\Delta \tag{3.10}$$

式中，f_c 为库仑摩擦系数；f_s 为静摩擦系数；f_τ 为 Stribeck 效应系数；b 为黏滞摩擦系数；$\operatorname{sgn}(\dot{x})$ 为符号函数；f_Δ 为未建模项。

然而，伸杆系统的摩擦力在滑动摩擦力与滚动摩擦力之间的转换并不是切换。实际上，在速度很小的范围内摩擦力是连续的。因此，为了保证摩擦力在速度过零时使摩擦力保持连续，采用饱和函数代替符号函数来描述系统的摩擦力(式(3.10))，即

$$f(x,\dot{x})=(f_c+f_s\exp(-f_\tau\dot{x}^2))\operatorname{sat}(\dot{x},\varepsilon_{\dot{x}})+b\dot{x}+f_\Delta\cdot\left|\operatorname{sat}(\dot{x},\eta_{\dot{x}})\right| \tag{3.11}$$

式中，$\varepsilon_{\dot{x}}$ 和 $\eta_{\dot{x}}$ 为小的正常数，可保证摩擦力连续；$\operatorname{sat}(\dot{x},\varepsilon_{\dot{x}})$ 和 $\operatorname{sat}(\dot{x},\eta_{\dot{x}})$ 为饱和函数，即

$$\operatorname{sat}(\dot{x},\varepsilon_{\dot{x}})=\begin{cases}\dfrac{\dot{x}}{|\dot{x}|}, & |\dot{x}|>\varepsilon_{\dot{x}}\\ \dfrac{\dot{x}}{\varepsilon_{\dot{x}}}, & |\dot{x}|\leqslant\varepsilon_{\dot{x}}\end{cases},\quad \operatorname{sat}(\dot{x},\eta_{\dot{x}})=\begin{cases}\dfrac{\dot{x}}{|\dot{x}|}, & |\dot{x}|>\eta_{\dot{x}}\\ \dfrac{\dot{x}}{\varepsilon_{\dot{x}}}, & |\dot{x}|\leqslant\eta_{\dot{x}}\end{cases} \tag{3.12}$$

当摩擦力为滑动摩擦时($\dot{x}>\varepsilon_{\dot{x}}$)，式(3.11)中实际的摩擦力与式(3.10)中原始的摩擦力相同；当摩擦力为滚动摩擦时($\dot{x}<\varepsilon_{\dot{x}}$)，饱和函数会随着微小速度变化(柔性伸杆实际没动)，式(3.11)中实际摩擦力的描述方式为 $\dot{x}$ 的连续函数。

广义力 Q 可以写为

$$Q=\frac{[\delta W]_{\delta x}}{\delta x}=\frac{T_1}{R_1}-\frac{f(x,\dot{x})}{R(x)} \tag{3.13}$$

将式(3.3)、式(3.8)代入式(3.13)，可得伸杆系统完整的动力学方程，即

$$M_0(x)\ddot{x}+\frac{1}{2}\frac{\partial M_0(x)}{\partial x}\dot{x}^2+\frac{T_2(x)}{R(x)}-\frac{T_3(x)}{R(x)}+\frac{f(x,\dot{x})}{R(x)}-2U_{bf1}(x)=\frac{T_1}{R_1} \tag{3.14}$$

式中，$\partial M_0(x)/\partial x$ 为 $M_0(x)$ 对 x 的偏微分；R_1 为主动引导轮的半径。

3.3　空间伸杆机构的简化动力学模型

式(3.14)给出了伸杆系统的完整动力学方程，然而这个非线性、时变的方程无法直接应用于控制算法的设计。下面讨论完整动力学模型的简化过程。

$M_0(x)$的表达相当复杂，但是在实际的伸杆机构系统中，$M_0(x)$变化的部分比其常值部分要小得多，如图 3-2 所示。

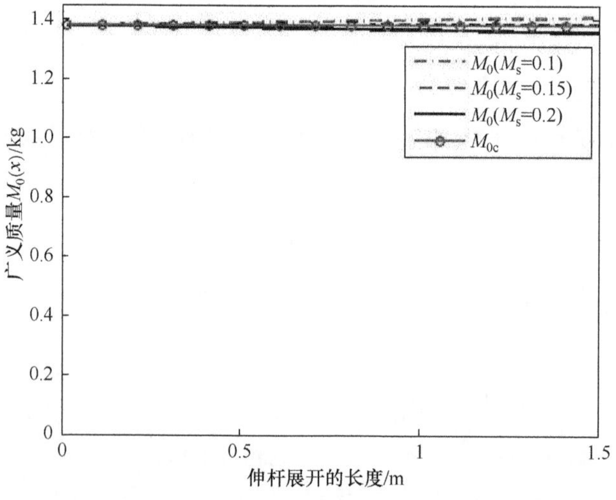

图 3-2　广义质量-展开长度曲线

由图可知，$M_0(x)$变化的部分取决于弹簧铰链的质量 m_s，因此 $M_0(x)$ 可以分解为常值部分与变化部分之和，即

$$\begin{aligned}
&M_0(x)=M_0^c+M_0^v=m_0+\rho L_b+\frac{J_0}{R_t^2}+M_0^v \\
&M_0^v=\frac{J_0 b(2R_t-bx)-kxR_t^2}{R(x)^2R_t^2}-\frac{\rho(L_b-L_1-x)^2(R(x)+R_0)}{2\pi R_0R(x)^2} \\
&R_t=R_0+\frac{L_b-L_1}{\pi R_0}t,\quad b=\frac{t}{\pi R_0},\quad k_s=\frac{m_s s^2}{L-L_1}
\end{aligned} \tag{3.15}$$

式中，M_0^c为$M_0(x)$的常值部分；M_0^v为$M_0(x)$的变化部分；R_t、b、k_s均为中间变量。

常值部分M_0^c可用于计算$M_0(x)$中恒定的部分，变化部分M_0^v可用于估算$M_0(x)$中变化部分的边界。为了便于控制，$M_0(x)$可进一步简化为

$$M_0 = M_0^c + M_0^v = (1+\theta)M_0^c \tag{3.16}$$

式中，θ为不确定项系数。

式(3.14)中，$\partial M_0(x)/\partial x$ 比$M_0(x)$更复杂，并且数值也非常小，因此可以利用伸杆机构的参数匹配结果，计算$\partial M_0(x)/\partial x$ 的边界为 0.025。柔性伸杆的展开速度$\dot{x}$也是小量，所以式(3.14)中的第二项比其他项要小得多，在简化的动力学方程中可以将其视为不确定项。

在实际系统中，由于载荷的变化和内部参数的不确定性，弹簧铰链输出力矩必然与真实值存在偏差。为了后续控制的方便，弹簧铰链输出力矩T_2可以分为两部分，即标称部分和不确定项。标称部分为近似拟合的二次曲线，不确定项为真实值与标称部分之间的偏差。其表达式为

$$T_2(x) = T_2^c + T_2^v = \left[k_1(x_l - x) + k_2(x_l - x)^2\right] + T_2^v \tag{3.17}$$

式中，T_2^c为弹簧铰链输出力矩的标称部分；T_2^v为弹簧铰链输出力矩的不确定项；k_1和k_2为未知的常系数；x_l为拟合曲线中的待定常参数。

如图 3-3 所示，利用实际伸杆机构的参数，拟合T_2并与真实值进行比较，通过曲线即可得到T_2^v的边界。

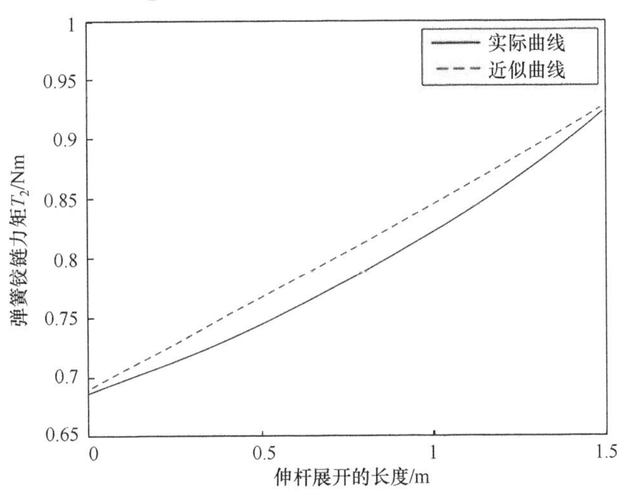

图 3-3　弹簧铰链输出力矩曲线

式(3.14)中的第三项可以写为

$$\frac{T_2(x)}{R(x)}=\frac{T_2^c}{R_0}+\left(\frac{T_2^v}{R_0}+T_2(x)\frac{R_0-R(x)}{R(x)R_0}\right) \tag{3.18}$$

式(3.14)中的第四项 $T_3(x)$ 为柔性伸杆提供的弯曲力矩，其表达式见式(3.6)。与弹簧铰链的分析类似，式(3.6)可以写为

$$T_3(x)=T_3^c+T_3^v=\frac{E_bI_z}{R_0}+E_bI_z\frac{R_0-R(x)}{R(x)R_0} \tag{3.19}$$

式中，T_3^c 为已知的常参数；T_3^v 的边界也容易得到。

式(3.14)中的第四项可以写为

$$\frac{T_3(x)}{R(x)}=\frac{T_3^c}{R_0}+\left(\frac{T_3^v}{R_0}+T_3(x)\frac{R_0-R(x)}{R(x)R_0}\right) \tag{3.20}$$

式(3.14)中的第五项 $f(x,\dot{x})$ 为伸杆系统的动摩擦力矩，同样将式(3.11)写成标称部分和不确定项，$\hat{b}^c$、$\hat{f}_c^c$、$\hat{f}_s^c$ 和 $\hat{f}_\tau^c$ 代表摩擦参数的估计，式(3.11)中的摩擦力矩可以表示为[98]

$$f(x,\dot{x})=f^c+f^v=\hat{f}^c(\dot{x})+Y(\dot{x})(\tilde{F}^c+F^v)+f^v \tag{3.21}$$

式中，$\hat{f}^c$ 为动摩擦力矩的标称部分；$f^v=f_\Delta\cdot\left|\mathrm{sat}(\dot{x},\eta_{\dot{x}})\right|$ 为动摩擦力矩的不确定项，其边界可以通过式(3.21)和式(3.11)得到；$F=\begin{bmatrix}b & f_c & f_s & f_\tau\end{bmatrix}^\mathrm{T}=F^c+F^v$，$\tilde{F}^c=F^c-\hat{F}^c$，$\hat{F}^c=\begin{bmatrix}\hat{b}^c & \hat{f}_c^c & \hat{f}_s^c & \hat{f}_\tau^c\end{bmatrix}^\mathrm{T}$；$\hat{f}^c(\dot{x})$ 和 $Y(\dot{x})$ 的具体表达如下[98]，即

$$\begin{gathered}\hat{f}^c(\dot{x})=(\hat{f}_c^c+\hat{f}_s^c\exp(-\hat{f}_\tau^c\dot{x}^2))\mathrm{sat}(\dot{x},\varepsilon_{\dot{x}})+\hat{b}^c\dot{x}\\ Y(\dot{x})=\begin{bmatrix}0 & 1 & \exp(-\hat{f}_\tau^c\dot{x}^2)-\hat{f}_s^c\dot{x}^2\exp(-\hat{f}_\tau^c\dot{x}^2)\end{bmatrix}\mathrm{sat}(\dot{x},\varepsilon_{\dot{x}})+\begin{bmatrix}\dot{x} & 0 & 0 & 0\end{bmatrix}\end{gathered} \tag{3.22}$$

式(3.14)中的第五项可化简为

$$\frac{f(x,\dot{x})}{R(x)}=\frac{f^c}{R_0}+\left(\frac{f^v}{R_0}+f(x,\dot{x})\frac{R_0-R(x)}{R(x)R_0}\right) \tag{3.23}$$

U_{bf1} 的表达式见式(3.7)，可以化简为

$$U_{bf1}(x)=U_{bf1}^c+U_{bf1}^v=\frac{2\varphi E_bI_x}{r}+U_{bf1}^v \tag{3.24}$$

式中，r 为柔性伸杆截面圆弧的半径；φ 为柔性伸杆截面圆弧的中心角(图 2-4)。

联立式(3.14)、式(3.16)、式(3.18)、式(3.20)、式(3.23)和式(3.24)可以得到伸杆机构系统简化的动力学模型，即

$$M_0^c(1+\theta)\ddot{x}+\frac{1}{R_0}T_2^c-\frac{1}{R_0}T_3^c+\frac{1}{R_0}f^c-2U_{bf1}^c+\Delta=\frac{1}{R_1}T_1 \tag{3.25}$$

式中，$M_0^c=m_0+\rho L_b+\dfrac{J_0}{R_t^2}$；$T_2^c=k_1(x_l-x)+k_2(x_l-x)^2$；$f^c=\hat{f}^c(\dot{x})+Y(\dot{x})\ (\tilde{F}^c+F^v)$；$T_3^c=\dfrac{EI_z}{R_0}$；$U_{bf1}^c=\dfrac{2\varphi E_b I_x}{r}$。

$$\Delta=\frac{1}{2}\frac{\partial M_0(x)}{\partial x}\dot{x}^2+\frac{R_0-R(x)}{R(x)R_0}\big(T_2(x)-T_3(x)+f(x,\dot{x})\big)+\frac{1}{R_0}(T_2^v-T_3^v+f^v)-2U_{bf1}^v \tag{3.26}$$

3.4　动力学模型的不确定性分析

对式(3.26)中的参数变量进行分析，伸杆系统简化动力学模型中的参数可分为三类[43]，即存在于 k_1、k_2 和 F^c 中的常参数不确定性，它们不随伸杆展开长度变化；存在于 θ 和 F^v 中的变参数不确定性，它们会随着伸杆的展开而变化；存在于Δ中的未建模不确定性，它们有确定的边界。

设计控制算法的一个前提条件是，伸杆机构系统中的所有不确定性都必须有界。式(3.25)中的变参数不确定性、未建模不确定性、载荷的加速度和速度误差的边界都可以表示为

$$|\theta|<\rho_\theta,\ \left|U_{bf1}^v\right|<\rho_{U_{bf1}},\ \left|F_j^v\right|<\rho_{F_j},\quad j=1,2,3,4$$

$$\dot{e}=\dot{x}-\dot{x}_d,\ \ddot{e}=\ddot{x}-\ddot{x}_d,\ |\dot{e}|<\rho_{ev},\ |\ddot{e}|<\rho_{ea}$$

$$\begin{aligned}|\Delta|\leqslant\rho_\Delta=&\frac{1}{2}\left|\frac{\partial M_0(x)}{\partial x}\dot{x}^2\right|_{\max}+\frac{1}{R_0}\left(\left|T_2^v\right|_{\max}+\left|T_3^v\right|_{\max}+\left|f^v\right|_{\max}\right)\\&+\left|\frac{R_0-R(x)}{R(x)R_0}(T_2(x)-T_3(x)+f(x,\dot{x}))\right|_{\max}+2\left|U_{bf1}^v\right|_{\max}\end{aligned} \tag{3.27}$$

式中，ρ_θ、ρ_{F_j}、$\rho_{U_{bf1}}$、ρ_{ev}、ρ_{ea} 和 ρ_Δ 均为已知的常值边界。

3.5　小　　结

本章在弹簧铰链、电机等子件的建模基础上，结合柔性伸杆的力学性

能分析，建立基于 Lagrange 方程的完整动力学模型，对柔性伸杆、弹簧铰链，以及系统摩擦力等难以精确建模项进行线性化或二次化简化处理，分成可建模部分与不确定项，最终得到适合后续控制器设计的动力学模型。另外，针对伸杆机构简化动力学模型中的不确定项，本章进行了不确定性分析。

第 4 章　空间伸杆机构的鲁棒自适应控制方法研究

4.1　引　言

在空间伸杆机构参数匹配研究与动力学建模的基础上，本章开展伸杆机构的伸展/收拢控制方法研究。针对空间伸杆机构这一特殊对象，伸展/收拢过程中存在结构化参数扰动、非线性摩擦，以及未建模动态等各类不确定性，会不可避免地影响伸杆机构的位置精度和控制稳定度。常规控制方法难以满足空间伸杆机构的控制需求，如何设计合理的控制器，保证系统的控制精度是有待解决的重点问题。

本章首先对动力学模型中的不确定项进行分类，分析各类惯量阵摄动、黏滞摩擦力等结构化常参数不确定性，以及构型重构和非线性摩擦等变参数不确定性的影响。然后，借鉴自适应控制的基本思想，设计基于 PI 控制结构的前馈-反馈控制器，消除主要偏差；设计具有很强适应参数变化能力的自适应控制器，对常参数不确定性干扰进行补偿；设计鲁棒控制器进一步抑制变参数与未建模不确定性的影响。仿真研究表明，三种控制器的完整结合可有效抑制伸杆机构的偏差，实现伸杆机构的高精度位置控制。

4.2　问题描述

本章研究的控制方法主要基于前面建立的空间伸杆机构简化动力学模型，即

$$M_0^c(1+\theta)\ddot{x}+\frac{1}{R_0}T_2^c-\frac{1}{R_0}T_3^c+\frac{1}{R_0}f^c-2U_{bf1}^c+\Delta=\frac{1}{R_1}T_1 \tag{4.1}$$

式中，$M_0^c=m_0+\rho L_b+\dfrac{J_0}{R_t^2}$；$T_2^c=k_1(x_l-x)+k_2(x_l-x)^2$；$f^c=\hat{f}^c(\dot{x})+Y(\dot{x})$ $(\tilde{F}^c+F^v)$；$\Delta=\dfrac{1}{2}\dfrac{\partial M_0(x)}{\partial x}\dot{x}^2+\dfrac{R_0-R(x)}{R(x)R_0}(T_2(x)-T_3(x)+f(x,\dot{x}))+\dfrac{1}{R_0}(T_2^v-T_3^v+f^v)$

$-2U_{bf1}^{v}$；$T_3^c = \dfrac{EI_z}{R_0}$；$U_{bf1}^{c} = \dfrac{2\varphi E_b I_x}{r}$。

其中的不确定性分为常参数不确定性(存在于 k_1、k_2 和 F^c 中)、变参数不确定性(存在于 θ 和 F^v)和未建模不确定性(存在于Δ)。由于单一的控制方法(PID 控制器、自适应控制器、鲁棒控制器和神经网络控制器等)难以满足空间伸杆机构的控制需求，本章针对简化动力学模型中不确定性的特点，考虑将多种控制方法结合，设计一种复合控制器来实现高精度的控制效果。其主要设计思想如下。

① PID 控制器是最经典的控制方法，针对式(4.1)这一非线性二阶系统，采用 PI 反馈控制器补偿伸杆机构系统的偏差，保证控制器基本的动态跟踪效果。

② 伸杆机构系统中柔性伸杆的压平力矩(T_3^c)、单位长度卷曲能量(U_{bf1}^c)和伸杆机构转动惯量($M_0^c(1+\theta)$)近似为常数，考虑采用前馈控制器对其标称部分进行前馈补偿；其不确定项(Δ 中的 $-T_3(x)\dfrac{R_0 - R(x)}{R(x)R_0}$、$-T_3^v\dfrac{1}{R_0}$、$-2U_{bf1}^v$ 和 $\dfrac{1}{2}\dfrac{\partial M_0(x)}{\partial x}\dot{x}^2$)为有界未建模项，考虑采用鲁棒控制器进行抑制。

③ 伸杆机构系统中弹簧铰链(T_3^c)、非线性摩擦(f^c)均存在复杂的非线性关系，无法直接前馈补偿，考虑设计自适应控制项实时学习模型常参数(k_1、k_2 和 F^c)的变化，补偿弹簧铰链、非线性摩擦中存在的常参数不确定性，进一步提高控制精度；其不确定项(模型中的 $Y(\dot{x})(\tilde{F}^c + F^v)$，$\Delta$ 中的 $\dfrac{R_0 - R(x)}{R(x)R_0}\left(T_2(x) + f(x,\dot{x})\right)$、$\dfrac{1}{R_0}(T_2^v + f^v)$)为有界未建模项，考虑采用鲁棒控制器进行抑制。

整合上述控制器的输出，将①中的 PI 反馈控制器和②中的前馈控制项合并，组成反馈-前馈控制器，主要用于消除系统的主要偏差；③中的自适应控制器可自主学习模型常参数的变化，主要用于补偿模型的常参数不确定性；将②与③中的鲁棒控制项进行合并，组成鲁棒控制器，主要用于抑制模型变参数不确定性和未建模不确定性。空间伸杆机构控制算法框图如图 4-1 所示。

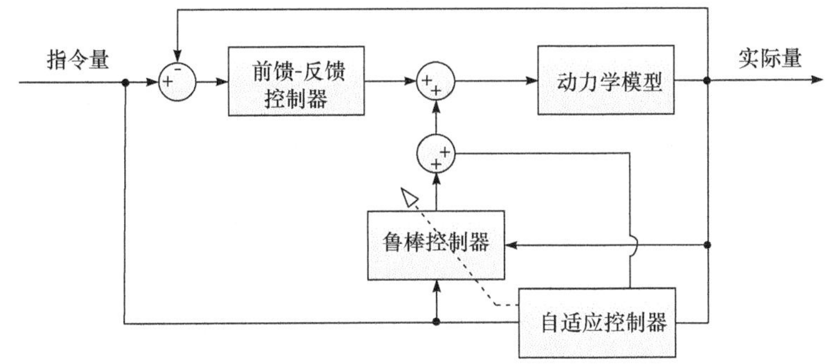

图 4-1　空间伸杆机构控制算法框图

4.3　空间伸杆机构的控制方法

4.3.1　鲁棒自适应控制器的设计

1. 前馈-反馈控制器

控制系统的误差定义为

$$e = x - x_d, \quad r = \dot{e} + \lambda e, \quad a = \ddot{x}_d - 2\lambda\dot{e} - \lambda^2 e \tag{4.2}$$

式中，x_d 和 $\ddot{x}_d$ 为期望的位置和加速度；λ 为正常数。

前馈-反馈控制器的反馈部分设计为传统 PI 控制器，其输出可以表示为

$$u_p = -k\int_0^t r(t)\mathrm{d}t = -k\left(e + \lambda\int_0^t e(t)\,\mathrm{d}t\right) \tag{4.3}$$

式中，k 为正常数。

前馈-反馈控制器的前馈部分主要用于补偿伸杆系统简化动力学模型中的部分常数项，可以表示为

$$u_F = M_0^c a - \frac{1}{R_0}T_3^c - 2U_{bf1}^c \tag{4.4}$$

联立式(4.3)与式(4.4)，前馈-反馈控制器的输出 τ_e 可表示为

$$\tau_e = u_p + u_F = M_0^c a - \frac{1}{R_0}T_3^c - 2U_{bf1}^c + u_p \tag{4.5}$$

前馈-反馈控制器用于消除伸杆机构期望轨迹与实际轨迹之间的初始偏差。

2. 自适应控制器

基于对式(4.1)中常参数不确定性的分析，设计自适应控制器补偿这部分不确定性的影响，即 $\hat{T}_2^c$ 和 $\hat{f}^c(\dot{x})$ 这两项常参数不确定项，可以利用自适应控制器进行补偿，因此可将自适应控制器的输出 τ_a 定义为

$$\tau_a = \frac{1}{R_0}(\hat{T}_2^c + \hat{f}^c(\dot{x})) \tag{4.6}$$

式中，$\hat{f}^c(\dot{x}) = (\hat{f}_c^c + \hat{f}_s^c \exp(-\hat{f}_\tau^c \dot{x}^2))\mathrm{sat}(\dot{x}, \varepsilon_{\dot{x}}) + \hat{b}^c \dot{x}$；$\hat{T}_2^c = \hat{k}_1(x_l - x) + \hat{k}_2(x_l - x)^2$。

自适应控制律的设计为

$$\dot{\hat{k}}_1 = -\frac{\mu_{k_1}}{R_0}(x_l - x)r, \quad \dot{\hat{k}}_2 = -\frac{\mu_{k_2}}{R_0}(x_l - x)^2 r, \quad \dot{\hat{F}}^c = -\frac{\mu_{F_c}}{R_0}\left[Y(\dot{x})\right]^{\mathrm{T}} r \tag{4.7}$$

式中，μ_{k_1}、μ_{k_2} 和 μ_{F_c} 均为正常数。

3. 鲁棒控制器

鲁棒控制器主要用于消除式(4.1)中的变参数不确定项和未建模项。除了上述反馈控制器和自适应控制器补偿过的几项，其余项均利用鲁棒控制器进行抑制，因此可将鲁棒控制器的输出 τ_r 定义为

$$\begin{aligned}\tau_r = &-(\rho_\Delta + M_0^c \rho_{ea}) \cdot \mathrm{sat}(r, \varepsilon_r) - M_0^c \rho_\theta \ddot{x}_d \cdot \mathrm{sat}(r\ddot{x}_d, \varepsilon_\theta) \\ &-\frac{1}{R_0}\sum_{j=1}^{4}(\rho_{F_j} Y_j(\dot{x}) \cdot \mathrm{sat}(rY_j(\dot{x}), \varepsilon_{F_j}))\end{aligned} \tag{4.8}$$

式中，$Y_j(\dot{x})$ 表示向量 $Y(\dot{x})$ 中的第 j 个元素；ε_r、ε_{F_j} 和 ε_θ 为正常数。

联立式(4.5)、式(4.6)、式(4.8)，整个伸杆机构的控制器输出为

$$T_1 = R_1(\tau_e + \tau_a + \tau_r) \tag{4.9}$$

如图 4-1 所示，三个控制器协同工作完成整个控制过程，显然这种鲁棒自适应控制器的设计不依赖准确的动力学模型，可以有效预测并补偿系统中存在的参数、未建模不确定性。

4.3.2 控制器稳定性分析

为了从理论上验证上述鲁棒自适应控制器的合理性，下面基于 Lyapunov 理论证明所设计控制器的稳定性。

将式(4.9)代入式(4.1)，可得

$$M_0^c\dot{r}+k\int_0^t r(t)\,\mathrm{d}t=-M_0^c\lambda r+\tau_r-\frac{1}{R_0}\tilde{T}_2^c-\frac{1}{R_0}Y(\dot{x})(\tilde{F}^c+F^v)-\Delta-M_0^c\theta\ddot{x} \tag{4.10}$$

定义 Lyapunov 函数为

$$V=\frac{1}{2}M_0^c r^2+\frac{1}{2}k\left(\int_0^t r(t)\mathrm{d}t\right)^2+\frac{1}{2}\frac{(\tilde{F}^c)^\mathrm{T}\tilde{F}^c}{\mu_{F_c}}+\frac{1}{2}\frac{\tilde{k}_1^2}{\mu_{k_1}}+\frac{1}{2}\frac{\tilde{k}_2^2}{\mu_{k_2}} \tag{4.11}$$

对上述 Lyapunov 函数进行微分，可得

$$\dot{V}=r\left(M_0^c\dot{r}+k\int_0^t r(t)\,\mathrm{d}t\right)+\frac{(\dot{\tilde{F}}^c)^\mathrm{T}\tilde{F}^c}{\mu_{F_c}}+\frac{\tilde{k}_1\dot{\tilde{k}}_1}{\mu_{k_1}}+\frac{\tilde{k}_2\dot{\tilde{k}}_2}{\mu_{k_2}} \tag{4.12}$$

由于 k_1、k_2 和 F_c 都是常数，可以得到 $\dot{\tilde{k}}_1=-\dot{\hat{k}}_1$、$\dot{\tilde{k}}_2=-\dot{\hat{k}}_2$ 和 $\dot{\tilde{F}}^c=-\dot{\hat{F}}^c$。将式(4.8)~式(4.10)代入式(4.12)，式(4.12)可以写为

$$\dot{V}=-M_0^c\lambda r^2-r(\rho_\Delta\operatorname{sat}(r,\varepsilon_r)+\Delta)-\frac{1}{R_0}\sum_{j=1}^4\left[rY_j(\dot{x})(\rho_{F_j}\operatorname{sat}(rY_j(\dot{x}),\varepsilon_{F_j})+F_j^v)\right]$$
$$-M_0^c r(\rho_\theta\operatorname{sat}(r\ddot{x}_d,\varepsilon_\theta)+\theta)\ddot{x}_d-M_0^c r[(\rho_{ea}\operatorname{sat}(r,\varepsilon_r)+\theta\ddot{e})] \tag{4.13}$$

对于式(4.13)中的第二、五项，如果 $|r|>\varepsilon_r$，可得

$$r(\rho_\Delta\operatorname{sat}(r,\varepsilon_r)+\Delta)>0,\quad M_0^c r(\rho_{ea}\operatorname{sat}(r,\varepsilon_r)+\theta\ddot{e})>0 \tag{4.14}$$

如果 $|r|\leqslant\varepsilon_r$，可得

$$r(\rho_\Delta\operatorname{sat}(r,\varepsilon_r)+\Delta)>\rho_\Delta r\left(\frac{r}{\varepsilon_r}-\frac{r}{|r|}\right)$$
$$M_0^c r(\rho_{ea}\operatorname{sat}(r,\varepsilon_r)+\theta\ddot{e})>\rho_{ea}M_0^c r\left(\frac{r}{\varepsilon_r}-\frac{r}{|r|}\right) \tag{4.15}$$

对于式(4.13)中的第三项，如果 $|rY_j(\dot{x})|>\varepsilon_{F_j}$，可得

$$rY_j(\dot{x})(\rho_{F_j}\operatorname{sat}(rY_j(\dot{x}),\varepsilon_{F_j})+F_j^v)>0 \tag{4.16}$$

如果 $|rY_j(\dot{x})|\leqslant\varepsilon_{F_j}$，可得

$$rY_j(\dot{x})(\rho_{F_j}\operatorname{sat}(rY_j(\dot{x}),\varepsilon_{F_j})+F_j^v)\geqslant\rho_{F_j}rY_j(\dot{x})\left(\frac{rY_j(\dot{x})}{\varepsilon_{F_j}}-\frac{rY_j(\dot{x})}{|rY_j(\dot{x})|}\right) \tag{4.17}$$

对于式(4.13)中的第四项，如果 $|r\ddot{x}_d|>\varepsilon_\theta$，可得

$$M_0^c r(\rho_\theta\operatorname{sat}(r\ddot{x}_d,\varepsilon_\theta)+\theta)\ddot{x}_d>0 \tag{4.18}$$

如果 $|r\ddot{x}_d|\leqslant\varepsilon_\theta$，可得

$$M_0^c r(\rho_\theta \operatorname{sat}(r\ddot{x}_d, \varepsilon_\theta) + \theta)\ddot{x}_d \geqslant \rho_\theta M_0^c r\ddot{x}_d \left(\frac{r\ddot{x}_d}{\varepsilon_\theta} - \frac{r\ddot{x}_d}{|r\ddot{x}_d|} \right) \tag{4.19}$$

显然，只要$|r| > \varepsilon_r$、$|rY_j(\dot{x})| > \varepsilon_{F_j}$、$|r\ddot{x}_d| > \varepsilon_\theta$，式(4.13)总是小于零的。如果$|r| \leqslant \varepsilon_r$、$|rY_j(\dot{x})| \leqslant \varepsilon_{F_j}$、$|r\ddot{x}_d| \leqslant \varepsilon_\theta$，式(4.15)、式(4.17)、式(4.19)当且仅当$|r| = \varepsilon_r / 2$、$|rY_j(\dot{x})| = \varepsilon_{F_j} / 2$和$|r\ddot{x}_d| = \varepsilon_\theta / 2$时取最小，可得

$$\dot{V} \leqslant -M_0^c \lambda r^2 + \frac{\varepsilon_r}{4}(\rho_{ea} M_0^c + \rho_\Delta) + \sum_{j=1}^{4} \frac{\rho_{F_j} \varepsilon_{F_j}}{4} + \frac{1}{4} \rho_\theta M_0^c \varepsilon_\theta \tag{4.20}$$

满足下述条件时，即

$$|r| > \sqrt{\frac{\varepsilon_r (\rho_{ea} M_0^c + \rho_\Delta) + \sum_{j=1}^{4} \rho_{F_j} F_j^v + \rho_\theta M_0^c \varepsilon_\theta}{4 M_0^c \lambda}} \tag{4.21}$$

$\dot{V}$总是负值，从而证明系统的稳定性。

4.4　空间伸杆机构伸展/收拢的数值仿真

4.4.1　仿真条件设置

为验证所设计控制器的有效性，对伸杆机构的伸展/收拢过程进行仿真。伸杆机构伸展/收拢数值仿真的参数如表 4-1 所示。在数值仿真中，空间伸杆机构的期望运动轨迹如图 4-2 所示，分别对应伸展段、静止段、收拢段。仿真工具为 MATLAB，微分方程求解采用 ode45 函数，reltol=1×10^{-3}、abstol=1×10^{-6}、采样时间为 0.01s。

仿真中分别采用三种不同的控制器(传统 PID 控制器、自适应控制器、鲁棒自适应控制器)。PID 控制器的设计为

$$T_{1\_\mathrm{PID}} = K_p e(t) + K_I \int_0^t e(t)\mathrm{d}t + K_D \frac{\mathrm{d}e(t)}{\mathrm{d}t} \tag{4.22}$$

式中，$e(t)$为系统的误差；优化后的 PID 参数为K_P=9.5、K_I=20.5、K_D=1.5。

自适应控制器的结构即鲁棒自适应控制器去除鲁棒控制项的部分，具体表示为

$$T_{1\_\mathrm{Adaptive}} = R_1(\tau_e + \tau_a) \tag{4.23}$$

式中，τ_e和τ_a具体参数如表 4-1 所示。

仿真分为两种情况。第一种情况没有考虑未建模的不确定性，即忽略式(3.11)中的 f_Δ 和其他未建模不确定项。第二种情况考虑未建模不确定性，式(3.11)中的 f_Δ 被假设为随机扰动，即

$$f_\Delta = 0.02 \cdot \mathrm{rand}(0,1) \tag{4.24}$$

式中，rand(0,1) 为 0 到 1 之间的随机函数。

表 4-1　伸杆机构伸展/收拢数值仿真的参数

标称参数		不确定项		其他参数	
M_0^c	1.5kg	ρ_θ	0.2	$\varepsilon_{\dot{x}}$	0.001
R_0	0.045m	ρ_{F_1}	0.02Ns	$\eta_{\dot{x}}$	0.0005
R_1	0.01m	ρ_{F_2}	0.05Nm	ε_r	0.1
L_0	0.2m	ρ_{F_3}	0.04Nm	ε_θ	0.1
k	10	ρ_{F_4}	50s²/m²	ε_{F_1}	0.001
λ	50	ρ_{ea}	0.01m/s²	ε_{F_2}	0.01
k_1	−0.08N	$\rho_{U_{bf1}}$	0.5J	ε_{F_3}	0.01
k_2	0.0039N/m	ρ_f	0.59Nm	ε_{F_4}	0.1
x_m	−0.2m	ρ_Δ	2.5N	μ_{F_c}	0.1
x_l	−6.5m			μ_{k_1}	1.00
				μ_{k_2}	1.00

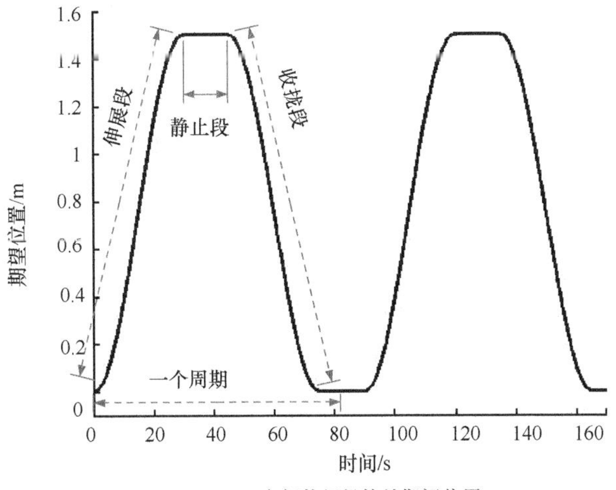

(a) 空间伸杆机构的期望位置

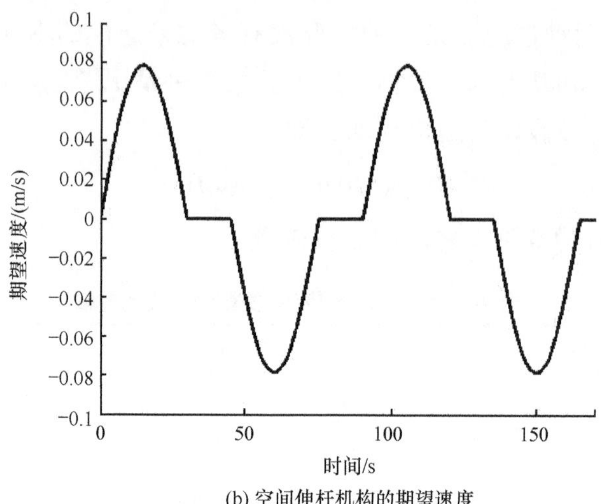

(b) 空间伸杆机构的期望速度

图 4-2　空间伸杆机构的期望运动轨迹

4.4.2　仿真结果分析

上述两种情况下的仿真结果如图 4-3 和图 4-4 所示，在伸杆机构展开和收拢的过程中，自适应和鲁棒自适应控制方法的位置误差比 PID 要小得多。这是由于 PID 方法不能补偿参数化不确定项；在伸杆机构的静止段，由于 PID 控制器不能解决低速摩擦带来的问题，PID 方法在静止阶段的稳态误差比自适应和鲁棒自适应的稳态误差大得多。最后，三种方法下的位置、速度及其误差的比较结果如表 4-2 所示。

表 4-2　伸杆位置误差与速度误差比较

控制器	未考虑未建模不确定性				考虑未建模不确定性			
	位置误差		速度误差		位置误差		速度误差	
	均值/mm	方差	均值/(mm/s)	方差	均值/mm	方差	均值/(mm/s)	方差
PID	0.19	0.68	0.57	6.93	0.24	0.81	0.84	7.3
自适应	0.046	0.46	0.068	0.43	0.054	0.63	0.33	0.96
鲁棒自适应	0.036	0.42	0.044	0.32	0.041	0.50	0.24	0.52

值得注意的是，自适应和鲁棒自适应控制器的仿真结果出现一些噪声和跳动特性。这是因为在伸杆机构展开和收拢的阶段中($0s<t<30s$)，摩擦力

类型为滑动摩擦力(在式(3.11)中 $\dot{x} > \varepsilon_{\dot{x}}$)，受未建模不确定项的影响，因此结果表现出一些噪声；在伸杆机构静止段(30 s<t<45 s)，摩擦力类型为静摩擦力(在式(3.11)中 $\dot{x} < \varepsilon_{\dot{x}}$)，静摩擦力会随着外力和未建模项的变化而变化。此时，整个系统处于平稳状态，所以噪声被抑制。跳动特性可能是由于伸杆机构在不同阶段的切换过程中，有大的加速和减速的过程。进一步可以看出，鲁棒自适应控制的位置误差比自适应控制的位置误差要小，因为前者比后者可以更好地抑制未建模不确定性的影响。

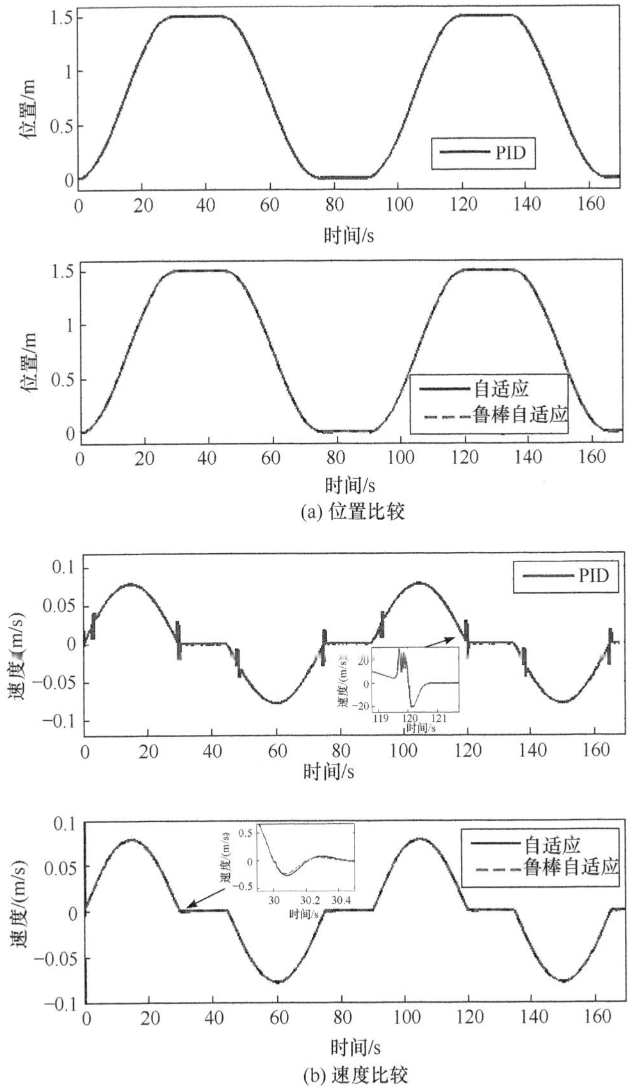

(a) 位置比较

(b) 速度比较

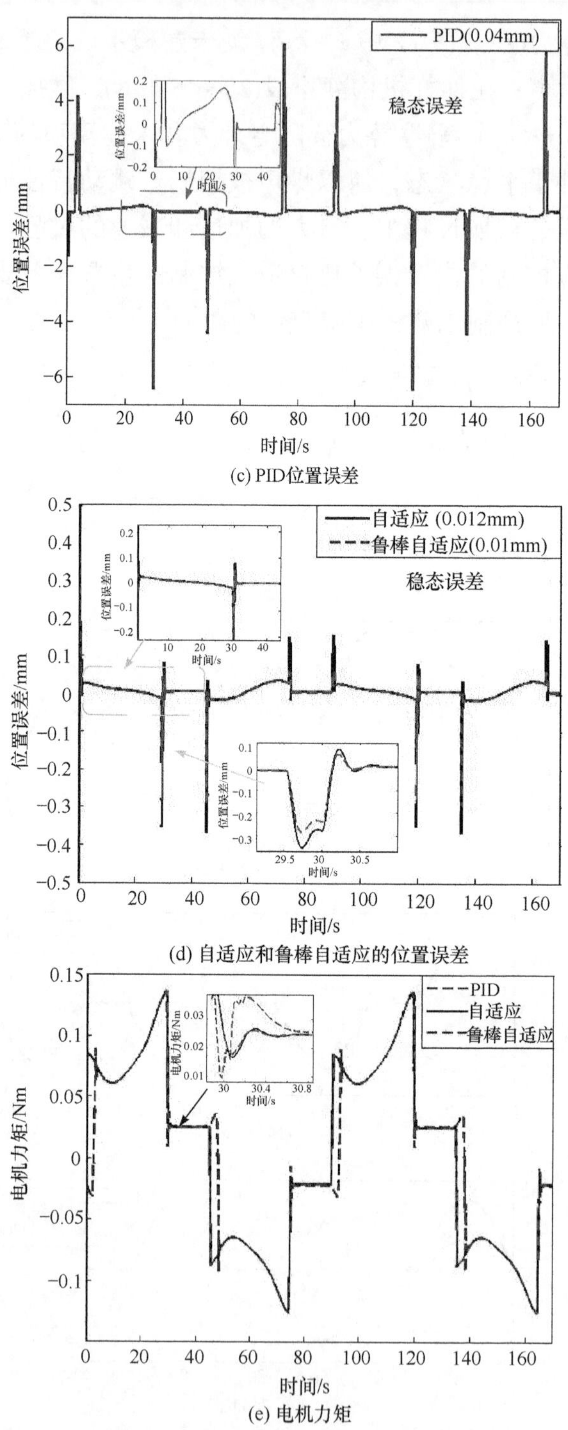

(c) PID位置误差

(d) 自适应和鲁棒自适应的位置误差

(e) 电机力矩

图 4-3　未考虑未建模不确定性的仿真结果

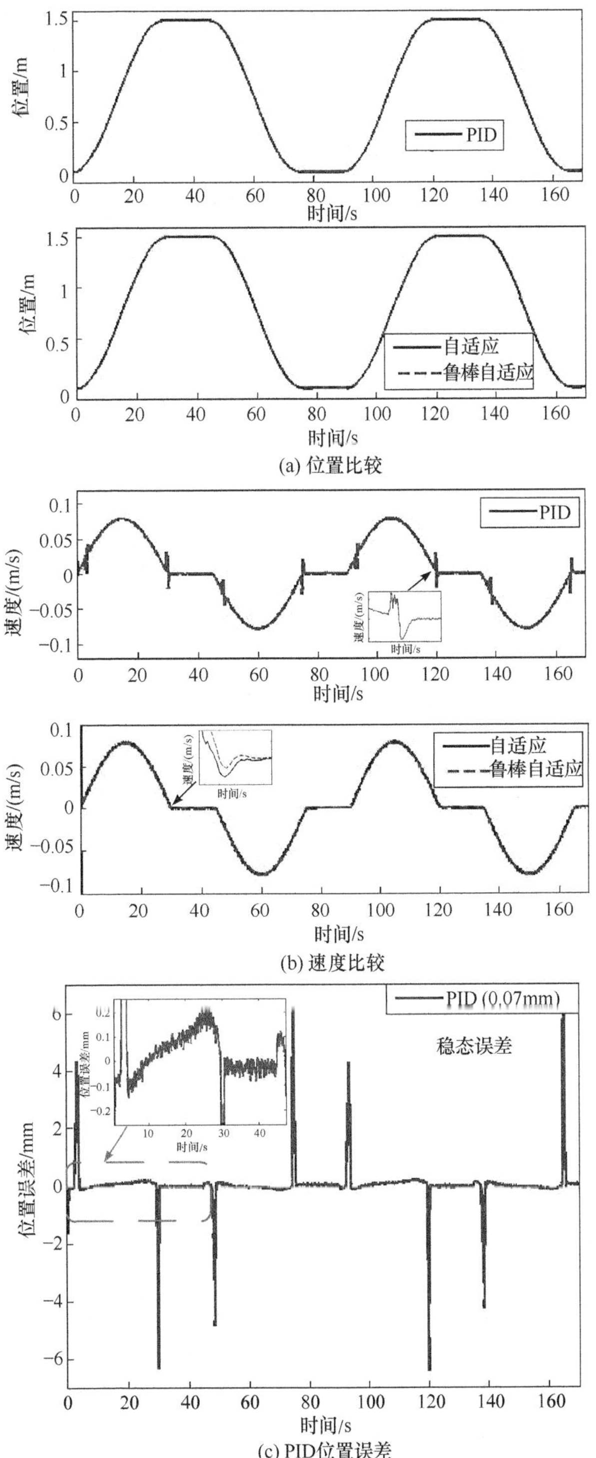

(a) 位置比较
(b) 速度比较
(c) PID位置误差

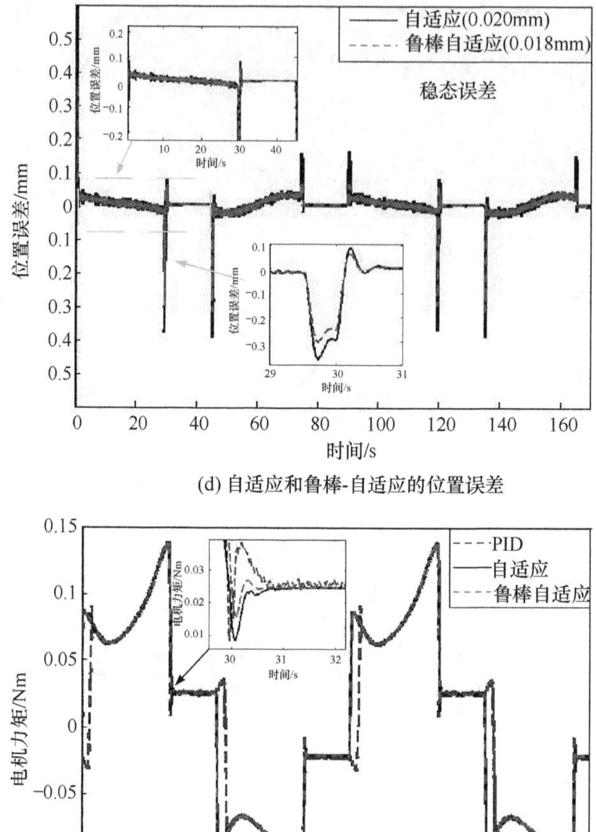

(d) 自适应和鲁棒-自适应的位置误差

(e) 电机力矩

图 4-4　考虑未建模不确定性的仿真结果

另外，自适应与鲁棒自适应控制器的电机输出力矩比较平稳：在展开段(0s≤t<30s)，电机做正功，弹簧铰链和摩擦力矩做负功；在静止段(30s<t≤35s)，实际位置保持不变，实际速度减小到零，摩擦力切换为静摩擦力，整个系统处于静平衡状态；在收拢段(35s≤t<65 s)，电机反向转动。由于有了弹簧铰链释放势能的辅助作用，与展开段相比，电机仅需要输出一较小的力矩。在图 4-3(d)的放大图中，当电机从一个阶段切换到另一个阶段时，鲁棒自适应控制器的力矩曲线比自适应方法的输出更加平滑。需要指出的是，本章没有考虑电机动力学的影响，也就是说，没有考虑实际

电机可能带来的扰动。

总的来讲，较 PID 控制方法，自适应控制器与鲁棒自适应控制器都能实现更好的控制效果，引入鲁棒项(式(4.8))后，鲁棒自适应控制器的输出更加平滑。通过仿真研究，验证了鲁棒自适应控制器中自适应项(式(4.6))和鲁棒项(式(4.8))的有效性。

4.5 小　结

本章主要研究应用于伸杆机构展开/收拢控制的鲁棒-自适应控制算法。该算法首先设计 PI 结构的前馈-反馈控制器，消除主要偏差；其次，设计具有很强适应参数变化能力的自适应控制器，对常参数不确定性进行干扰补偿；再次，设计鲁棒控制器，进一步抑制变参数与不可建模不确定性的影响，并基于 Lyapunov 稳定性理论证明系统的稳定性；最后，分别对不考虑未建模不确定性和考虑未建模不确定性两种情况，通过仿真对比 PID、自适应、鲁棒自适应三种控制器的控制效果，验证鲁棒自适应控制器的有效性。

第 5 章　空间伸杆机构的伸展/收拢实验研究

5.1　引　　言

为验证上述理论方法的有效性，本章搭建空间伸杆机构的实验平台，并进行空间伸杆机构的伸展/收拢实验，主要工作包括机械结构设计、控制系统设计和软件程序设计等，通过比较 PID 控制器、自适应控制器，以及鲁棒自适应控制器的控制效果，验证所提出控制方法的有效性。

5.2　空间伸杆机构的实验平台

实验平台系统主要由上位机与下位机两部分组成，两位机通过串口进行通信；上位机主要完成伸杆机构的运动规划，并基于软件实现伸杆机构位置与速度的实时显示；下位机主要基于数字信号处理(digital signal processing，DSP)芯片和电机，通过编码器读取伸杆机构的位置与速度，利用电流检测器测量驱动电机的驱动电流，实现伸杆机构伸展/收拢的闭环控制。另外，粘贴白色标志点用以指示伸杆伸展/收拢的长度。空间伸杆机构实验验证框图如图 5-1 所示。

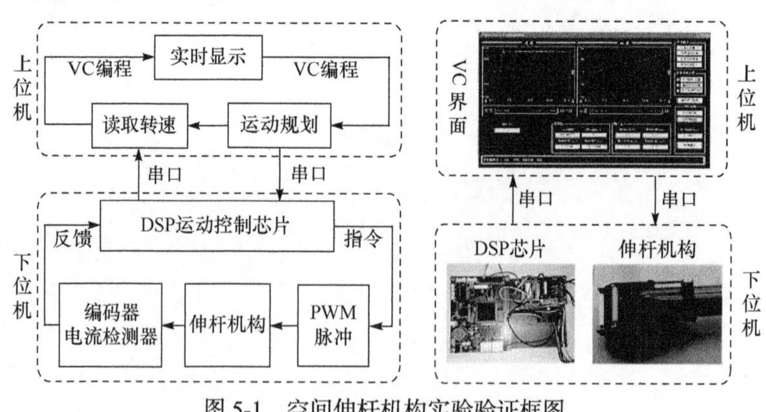

图 5-1　空间伸杆机构实验验证框图

5.2.1　空间伸杆机构的机械结构设计

伸杆机构主要由柔性伸杆及存储装置、主被动复合驱动机构及其他支撑装置组成。

柔性伸杆由碳纤维复合材料加工而成，这种材料重量轻、无磁性、强度高、弹性好。柔性伸杆与弹簧条的材料参数如表 5-1 所示。如图 5-2 所示，柔性伸杆采用 CTM 式，由两个对称的 Ω 形状的中空圆壳组成，具备良好的强度和刚度。其有两种结构形态，即展开状态与收拢状态：当柔性伸杆处于展开状态时，没有应力，具有很好的刚度与位置；当柔性伸杆处于收拢状态时，有应力集中，但能无损坏地存储于卷筒之上。通过上述两个过程，可实现伸杆的收拢与展开。

表 5-1　柔性伸杆与弹簧条的材料参数

参数	符号	数值
柔性伸杆弹性模量/GPa	E	110
柔性伸杆泊松比	μ	0.3
柔性伸杆密度/(kg/m^3)	ρ	1600
伸杆材料许用正应力/MPa	$[\sigma]$	1570
伸杆材料许用切应力/MPa	$[\tau]$	1570
弹簧条弹簧模量/GPa	E_1	193
弹簧条泊松比	μ_1	0.3
弹簧条密度/(kg/m^3)	ρ_1	7800

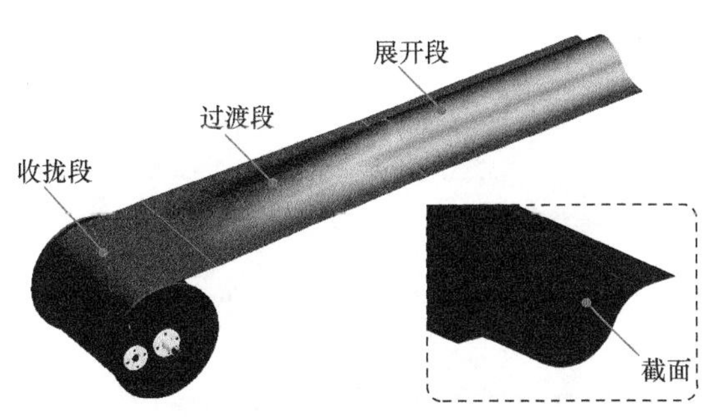

图 5-2　柔性伸杆结构图

如图 5-3 所示，卷筒主要用于存储柔性伸杆，其主体为一个直径 9cm

的铝制筒，考虑安装的方便，将卷筒主体设计成两个镂空的半圆柱壳；上卷筒主体打有凹槽，用于安装夹具，固定柔性伸杆的末端；卷筒主体的两侧各有 4 个螺纹孔，可与两边的侧板连接；两边的侧板主要用于支撑整个卷筒，卷筒中心轴与系统的支架壁固定，通过轴承与卷筒侧板相对转动，卷筒偏心轴通过轴承与卷筒侧板连接，可绕卷筒相对转动。

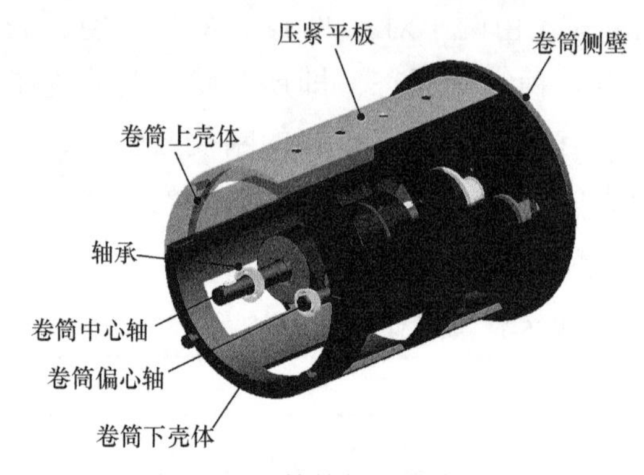

图 5-3　卷筒外部三维结构图

如图 5-4 所示，卷筒的内部并排装有 4 个弹簧铰链，弹簧铰链之间通过轴套和挡板来定位。弹簧铰链输出筒与卷筒中心轴、弹簧铰链存储筒与卷筒偏心轴均通过键槽固定，可以相对卷筒自由转动。弹簧铰链由 301 不锈钢弹簧条加工而成(表 5-1)，可紧紧缠绕于弹簧存储筒上。在伸杆展开过程中，整个卷筒会沿伸杆展开方向转动，由于输出筒被固定，存储筒会相对卷筒转动，弹簧条从存储筒转移到输出筒上，从自然状态变成反向卷曲状态，存储大量的弹性能量；在伸杆收回的过程中，弹簧铰链释放存储的

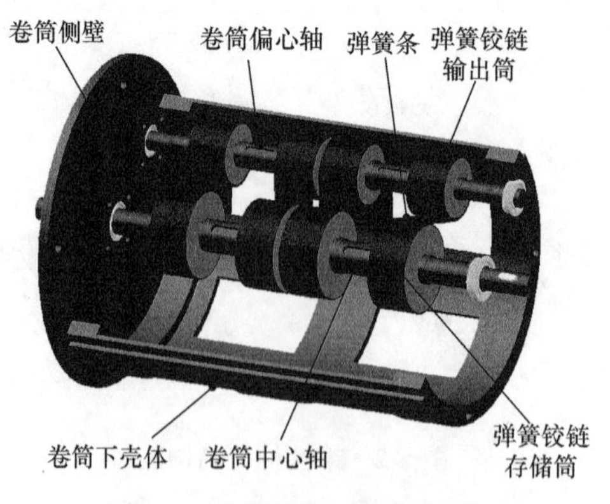

图 5-4　卷筒内部三维结构图

弹性能量，弹簧条从输出筒转移到存储筒上，保证柔性伸杆被顺利收回。当卷筒转动时，弹簧铰链始终提供近似恒定的扭矩，使引导轮到卷筒之间的柔性伸杆处于被拉伸的状态，保证柔性伸杆紧密地卷曲于卷筒之上。

如图 5-5 所示，伸展/收缩机构是整个伸杆机构的主动驱动装置，主要由电机、传动装置、主/被动轮、摆臂等组成。装置有两个引导轮，上面与传送带相连的是主动轮，下面与摆动臂相连的是被动轮，引导轮的表面套有橡胶套，保证足够的摩擦力。由于伸杆的厚度不完全一样，于摆动臂的一端安装的拉紧弹簧可以保证另一端的被动引导轮平行且紧密地贴合在伸杆上。引导板可以保证伸杆以一定的曲率被压平，不至于出现弯曲半径过小的情况，使伸杆顺利收回。电机通过滚子链带动主动引导轮，与主动引导轮平行放置另一个舵轮，保证传递带传递的拉力始终是沿伸杆展开方向。同时，电机也加了大比例减速器，保证电机在断电的情况下，不会回转，伸杆始终处于拉紧状态。张紧轮可以在侧壁上左右移动，调节滚子链的松紧。上述装置保证了主动引导轮与伸杆紧密贴合无相对滑动。电机可以做精确的位置控制，这样就可以控制伸杆的展开长度，在收回的过程中，增加伸杆的稳定性可以避免伸杆出现层叠。

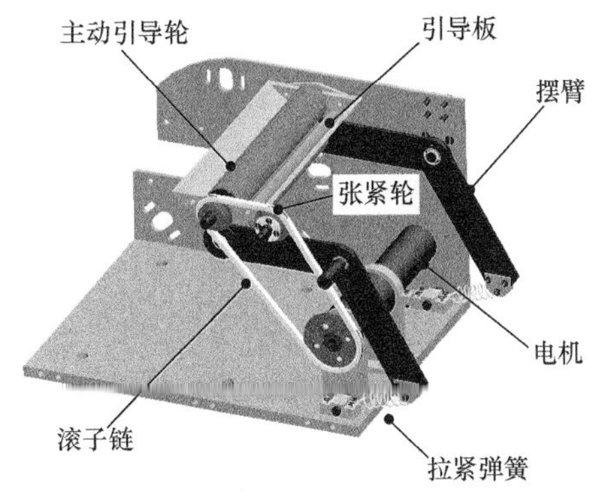

图 5-5 伸展/收缩机构三维结构图

如图 5-6 所示，支撑装置包括臂与支撑项圈等辅助装置，可以起到支撑、锁紧、固定的作用。装置主要分为两个部分，一个是两侧的支架壁，另一个是伸杆展开端的支撑项圈。支架壁是整个系统的骨架，它上面打有很多孔，安装有很多轴承，保证整个系统的相对位置固定。支撑项圈不仅支撑柔性伸杆，同时也约束其自由度，可以保证柔性伸杆仅沿其伸展方向运动。伸杆在从被压平的状态到截面完成展开之间的过渡段是很脆弱的，转变区域的长度不能取得太短，必须保证柔性伸杆能够完全展开。这时支撑项圈正好起到保护的作用。

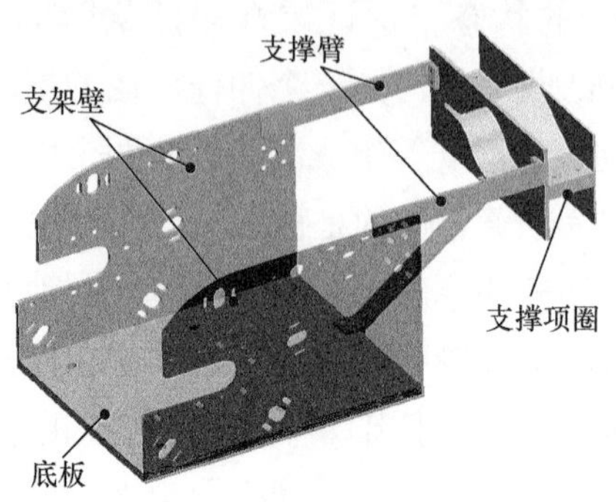

图 5-6　支撑装置三维结构图

系统工作过程如下，在伸展过程中，电机提供主动力矩，通过传动链带动主/被动轮，引导伸杆展开，与此同时，卷筒中的弹簧提供反向力矩，保证伸杆的紧密卷曲状态；在收拢过程中，电机反转，同样通过传动链带动主/被动轮，引导伸杆展开，但此时电机仅起到压平伸杆的作用，弹簧提供主动力矩卷曲伸杆。伸展/收缩机构可以保证伸杆顺利地展开与收拢。

伸杆机构装配顺序为卷筒及其内部的弹簧铰链装置；两侧支架壁及主、从动驱动轮组件，压杆，摆臂组件；支撑臂及支撑项圈；底座及电机组件；柔性伸杆。伸杆机构的爆炸图如图 5-7 所示。

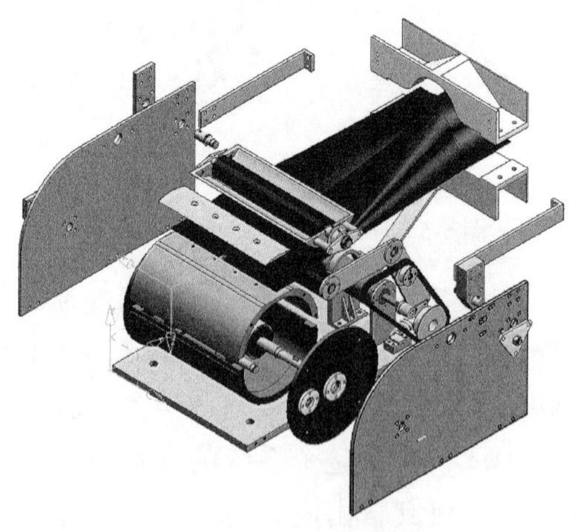

图 5-7　伸杆机构的爆炸图

特别注意的是，定扭矩弹簧组件作为整体装配以后，通过平键与卷筒中心轴及卷筒偏心轴固连；两卷筒内轴均通过深沟球轴承与卷筒端盖进行装配；卷筒作为整体，可通过左右支架壁的槽孔单独进行安装；拉紧弹簧由于拉力很大，需在完成其余部分的装配并与加载伸杆的同时借助外力装载；拉簧两个摆臂支点轴固连在整机的侧壁上，同时通过深沟球轴承与摆臂进行装配。伸杆机构实物图如图 5-8 所示。

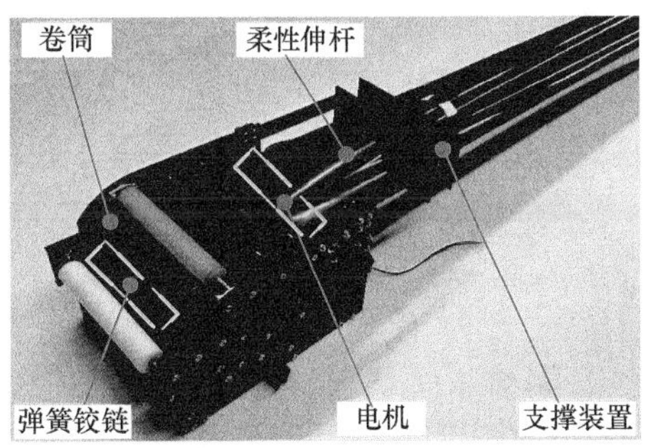

图 5-8　伸杆机构实物图

5.2.2　空间伸杆机构的控制系统设计

空间伸杆机构采用电机驱动，控制芯片采用 DSP 控制芯片。首先，结合伸杆机构系统特性与功能需求，对各部分硬件进行选型。

DSP 芯片：TMS320F2812 型开发板，包含串口、AD/DA、编码器、脉冲宽度调制(pulse width modulation，PWM)波等模块(图 5-9)。

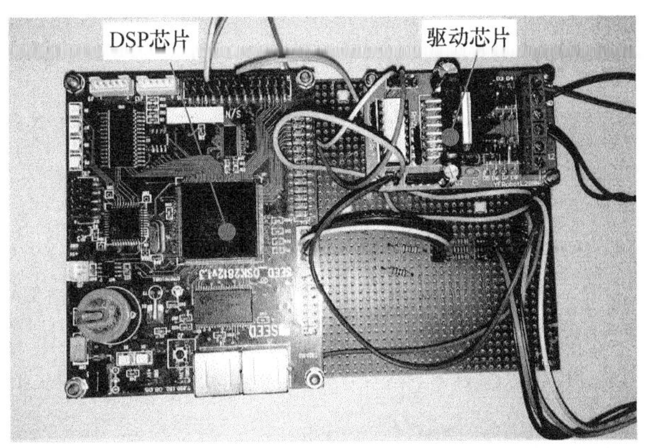

图 5-9　控制芯片实物图

驱动芯片：基于 L298N 芯片的开发板。

电机：型号为 Maxon 电机，A-max 26，石墨电刷，11 W；额定电压 12 V；空载转速 8010 r/min；直径 26 mm。

减速箱：型号为行星齿轮箱 GP 26B，直径为 26 mm，输出力矩为 0.5～2.0 Nm；减速比约 208；减速后空载转速 38 r/min；输出力矩 2.5 Nm；堵转扭矩 12 Nm。

编码器：型号为 HEDS 5540，500 线，3 通道；电源 5V ± 10%；输出信号为 TTL 兼容，输出 A、B、I 路上拉电阻 3.3 kΩ，输出电压为 5 V，分压后接入 DSP 编码器接口；分辨率为 AB 相 500 脉冲每圈。

为实现轨迹规划，必须实现电机正反转，驱动芯片上的 EN、IN1 和 IN2 有两种工作方式(表 5-2)。

表 5-2　驱动芯片工作方式

工作方式	方式一			方式二		
	IN1	IN2	EN	IN1	IN2	EN
正转	“+”	GND	PWM	PWM	“+”/GND	“+”
反转	GND	“+”	PWM	“+”/GND	PWM	“+”

IN1 与 PWM4 连接，IN2 与 PWM3 连接，控制器的输出量折算成计数值给 PWM3 的比较值。当电机正转时，PWM3 输出一定占空比的脉冲，PWM4 输出低电平；当电机反转时，改变 PWM3 的高或低电平有效位，使 PWM3 输出取反，同时 PWM4 输出高电平。

5.2.3　空间伸杆机构的软件程序设计

1. 下位机控制程序设计

如图 5-10 所示，DSP2812 运动控制芯片通过编码器读取伸杆机构的位置与速度，通过电流检测器测量驱动电机的驱动电流，根据控制方法计算控制量的变化，转化为 PWM 波的占空比，进而实现伸杆机构伸展/收拢的闭环控制。下位机程序框图如图 5-10 所示。

编码器读转速：DSP 芯片 CPU 时钟设置为 120 MHz，HSPCLK 设置为不分频(即 120 MHz)，T1 定时器设置为连续增计数，对 HSPCLK 二分频，周期计数个数为 6000，给控制系统提供周期为 1ms 的时钟基准。编码器 QEP 设置为上下两个边沿检测 A、B 二路信号，生成四倍频的转速脉冲，并设置 T2 为其基数时钟。T2 定时器为编码器的 QEP 输出计数，时间Δt内计数个数为ΔN。采用光电编码器的 M 法(测频法)，转速 $n=60\Delta N/\Delta t$。

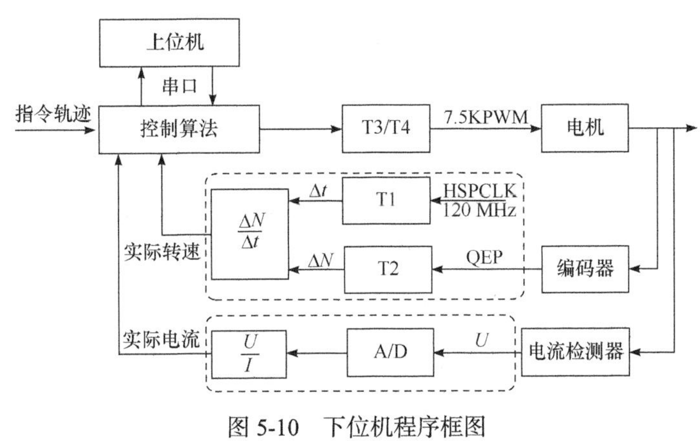

图 5-10　下位机程序框图

电流检测器测电流：L298N 驱动芯片的驱动电流会流过一个小电阻，利用 DSP 的 A/D 模块测量小电阻两端的电压，进而计算出电机的驱动电源，电流 $I=U/R$。其中，A/D 模块采用 12 位 A/D 芯片，保证测量电压的准确性。

串口发送接收：DSP 芯片在读取完转速后，将转速转换为字符串，指定标志位，通过 RS232 串口发送到上位机，同时通过串口接收上位机启动、停止等信息，另外，串口模块波特率设置为 9600。

PWM 波生成：根据设计的控制算法，计算所需的力矩，折算成 PWM3 的比较值，利用 EVB 事件管理器驱动电机，其中 T3、T4 定时器给 PWM 波提供时钟标准。

值得注意的是，通过实验发现 PWM 波在 1000～10000 之间时，电机都可正常驱动，但是频率较低时，速度明显波动较大，且噪声很大，频率较高时，速度明显很平稳，且噪声较小，最终 PWM 的频率取 7500。对于采样时间，理论上讲，采样时间越短，控制精度越高，但是硬件电路限制了采样时间，通过实验最终采样周期选用为 10ms。

2. 上位机控制程序设计

如图 5-1 所示，上位机包括五个主要的功能模块，即主程序模块、显示模块(波形/数据)、串口通信模块(读取转速/发送指令)、运动规划模块(算法实现)，以及存储模块。上位机界面部分可实现速度与位置的实时显示与 PID 参数设置。

主程序模块主要实现参数初始化、串口初始化及配置、算法实现等功能。

显示模块主要包含数据/状态显示和波形显示。数据/状态显示框由程序计算并实时更新。其中，波形显示模块则用到 Scope 类。

串口通信模块主要处理接收下位机传送过来的数据。它有两种实现方式：一种是按钮确认发送；另一种是通过多媒体定时器实现，定时从下位机采集数据。

运动规划模块主要用于向下位机实时发送电机当前指令的位置或速度。

此外，还有输入模块及开机动画程序等，此处不再赘述。

5.3　空间伸杆机构伸展/收拢的实验验证

实验研究是对控制系统性能验证的必要手段。为了验证鲁棒自适应控制方法的有效性，首先搭建伸杆机构的实验平台，如图 5-11 所示。

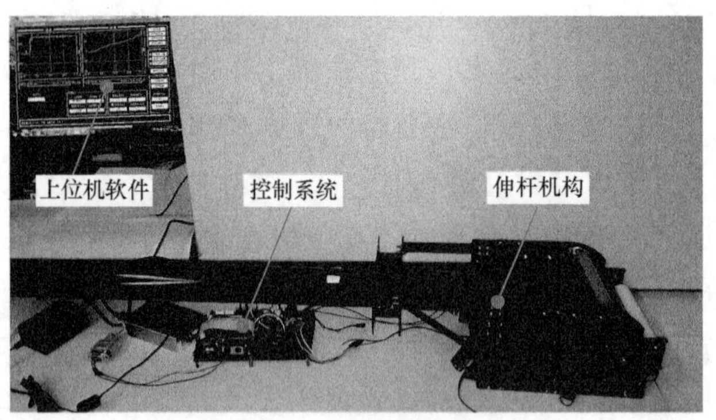

图 5-11　伸杆机构实验平台

为了验证伸杆机构的控制方法，分别利用 PID、自适应和鲁棒自适应三种控制方法控制伸杆机构。为了提高控制的效果，实验采用电机编码器脉冲数作为控制量。另外，设置 PID 控制器参数为 P=0.14、I=0、D=0.01，设置自适应与鲁棒自适应控制器参数为 k=0.14、λ=10、$\eta_{\dot{x}}$=0.001、ρ_{Δ}=0.001，其他参数的取值与仿真参数相同(表 4-1)。位置与位置误差比较如图 5-12 所示。

总的来讲，自适应和鲁棒自适应控制器的位置跟踪效果优于 PID 控制器。在伸杆机构伸展和收拢的过程中，PID 的位置误差比较大，自适应控制器和鲁棒自适应控制方法的位置误差相对较小。这是由于 PID 不能补偿参数化不确定项，这一点与仿真结果相符。在伸杆机构的静止阶段，PID 的稳态误差也比自适应和鲁棒自适应的稳态误差大(表 5-3)，与仿真结果一致。值得注意的是，在仿真过程的静止阶段，电机始终输出动态力矩，保持整个系统处于动平衡状态；在实验的静止阶段，电机不输出力矩，控制电压几乎为零，依靠电机减速器的反向制动力矩保持整个系统的静平衡状态。因此，在实际控制伸杆机构时，不必考虑系统在静止阶段是否稳定，因为三种控制器都能很好地保持静平衡状态，应关注控制器的动态控制效果和稳态误差。

对比自适应控制器和鲁棒自适应控制器的实验结果，当伸杆处于伸展和收拢阶段时，鲁棒自适应控制器的动态跟踪误差均值和方差比自适应的要小。在静止阶段，鲁棒自适应的位置误差比自适应的位置误差相对较小，因为前者比后者可以更好地抑制未建模不确定性的影响。相比仿真结果，实验结果中两种控制器的差距不够明显，但是鲁棒自适应控制方法依然是较好的选择。

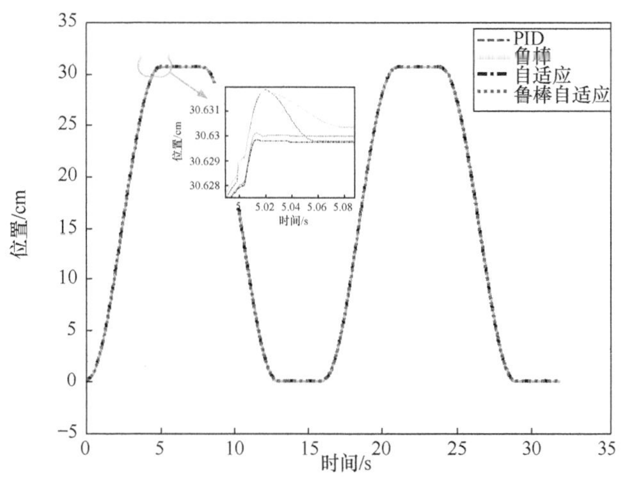

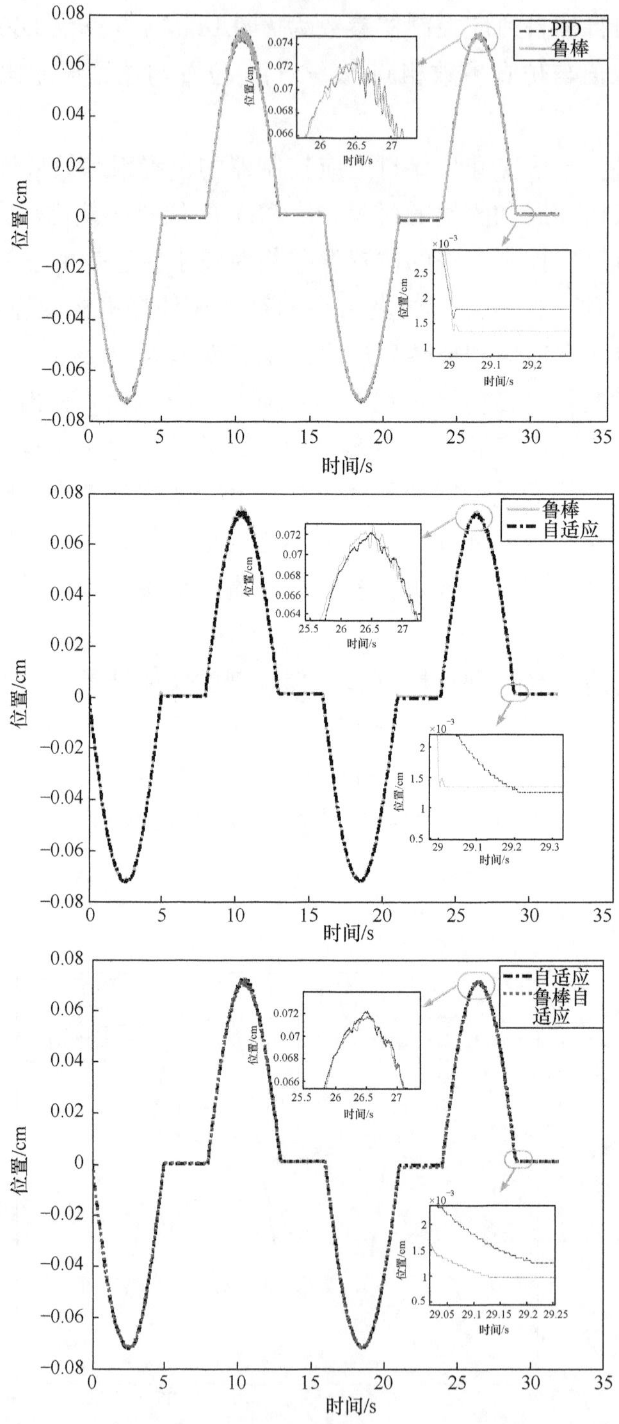

图 5-12　位置与位置误差比较

总的来讲，自适应控制器与鲁棒自适应控制器都有较好的控制效果，加入鲁棒项之后(式(4.8))，鲁棒自适应控制器的效果更好。通过实验研究，可以验证鲁棒自适应控制器中的自适应项(式(4.6))和鲁棒项(式(4.8))的有效性。

表 5-3　三种控制器位置误差比较

控制器	位置稳态误差/mm	位置动态跟踪误差	
		均值/mm	方差/mm^2
PID	0.0018	0.047	0.0027
鲁棒	0.0013	0.0469	0.0027
自适应	0.0012	0.0466	0.0026
鲁棒自适应	0.001	0.0464	0.0026

伸杆机构的伸展/收拢实验(图 5-13)考虑弹簧铰链展开长度等现有实验条件的限制，仅展开和收拢部分长度的柔性伸杆，分别对应收拢和展开状态。实验中，柔性伸杆在电机和弹簧铰链的复合驱动下，能够平稳无皱褶地伸展/收拢，表现出良好的伸展/收拢特性。初步实验测试结果如表 5-4 所示。实验结果满足设计的基本要求，可以验证参数匹配结果的合理性。

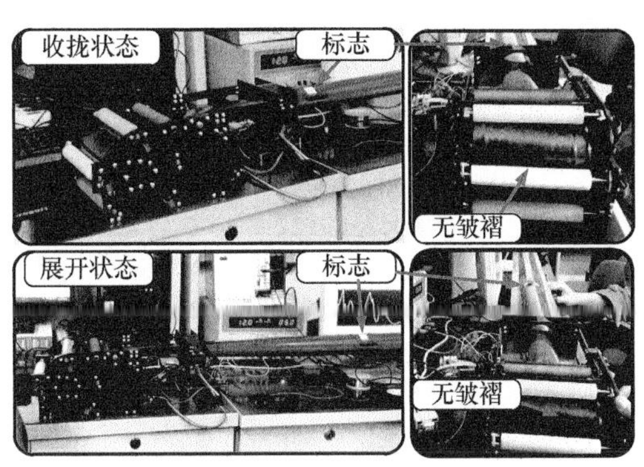

图 5-13　伸杆机构的展开和收拢实验图

表 5-4　初步实验测试结果

参数	实验结果
柔性伸杆展开的长度/m	0.5
伸展/收拢的时间/s	30
柔性伸杆尖端的振动频率/Hz	33.2

5.4 小　结

本章主要完成空间伸杆机构的实验平台搭建，包括机械结构设计、控制系统设计、软件程序设计三个部分。在此基础上，完成空间伸杆机构的伸展/收拢实验，比较不同控制算法的控制效果，从而验证控制方法的有效性。

第 6 章　带柔性伸杆机构小卫星的耦合动力学模型

6.1 引　　言

随着空间科学技术的快速发展，对地球空间环境的探测工作越来越重要。其中，基于小卫星编队组网的探测模式已成为一个重要的发展趋势。同时，由于探测任务的多样化要求，小卫星本体通常需要具备快速姿态机动能力。传统的以飞轮为本体执行机构的控制难以满足机动要求，必须采用基于控制力矩陀螺(control moment gyros, CMG)的本体姿态控制方式。与此同时，为了避免卫星平台本身的剩磁对空间信息的干扰，必须采用伸杆机构支撑各类探测载荷远离卫星本体。受运载空间、运载能力的限制，伸杆机构往往由超轻、超薄的材料制造，这就使其具有一定的挠性特点。挠性伸杆在自身运动或受到小卫星本体的姿态机动等各种干扰力矩时会产生弹性振动，不可避免地耦合作用到小卫星本体，继而降低小卫星本体的姿态控制精度和稳定度。因此，如何抑制伸杆的弹性振动及其对卫星本体姿态的影响是提高卫星姿态控制精度和稳定度的关键技术之一。

针对上述问题，本书将研究一种基于伸杆最优 IS(optimal input shaper, OIS)结合本体自适应扰动抑制滤波器(adaptive disturbance rejection filter, ADRF)的复合振动控制策略。此外，为了解决卫星姿态机动的振动控制问题，在半物理仿真实验平台上对振动控制方法进行实验验证。动力学建模是指建立受控对象特性的数学模型，是控制系统设计的重要依据，是对整个控制系统进行分析和仿真不可缺少的前提条件。因此，本章首先介绍基于控制力矩陀螺的小卫星姿态动力学建模，然后基于模态分析方法，采用拉格朗日动力学描述方法建立带挠性伸杆机构小卫星的动力学方程。

6.2 基于控制力矩陀螺的小卫星姿态动力学模型

卫星动力学模型是进行数值仿真和实验研究的基础，只有建立较准确的动力学模型才可以得到准确的仿真与实验结果。本章在卫星姿态动力学建模时将执行机构和卫星整体转动惯量考虑在内。

单框架控制力矩陀螺(single gimbal CMG，SGCMG)由一个以恒速转动的飞轮和支撑飞轮并可以转动的框架组成。单框架控制力矩陀螺如图 6-1 所示。当框架带动恒速飞轮以角速度 $\dot{\delta}$ 转动时，SGCMG 的角动量方向发生变化，将产生进动力矩 τ ，可以表示为

$$\tau = -\dot{h} = h \times \dot{\delta} \tag{6.1}$$

式中，$\dot{\delta}$ 为框架角速度矢量； h 为 SGCMG 角动量矢量。

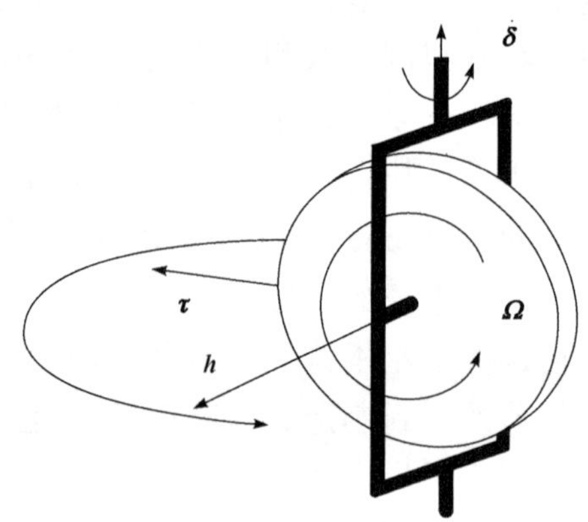

图 6-1　单框架控制力矩陀螺

这里的小卫星姿态控制执行机构是单框架控制力矩陀螺簇，假设卫星为刚体，执行机构由 n 个单框架控制力矩陀螺组成，则卫星整体的角动量公式为[102]

$$h = JW_B^I + A_g J_{cg} \dot{\delta} + A_s J_{ws} \Omega \tag{6.2}$$

式中，W_B^I 为卫星姿态角速度在惯性系中的表述；$\dot{\delta}$ 为 n 个 SGCMG 框架角速度向量； Ω 为 n 个 SGCMG 飞轮角速度向量。

小卫星的转动惯量可表示为

$$J = J_B + A_s J_{cs} A_s^{\mathrm{T}} + A_t J_{ct} A_t^{\mathrm{T}} + A_g J_{cg} A_g^{\mathrm{T}} \tag{6.3}$$

式中，J_B 为将 n 个 SGCMG 作为质点时的卫星的转动惯量矩阵；$J_{c*(*=s,t,g)}$ 为沿 * 轴方向的转动惯量矩阵，转子轴、横向轴和框架轴分别用 s 、t 和 g 表示； A_* 为 δ 的函数，其表达式为

$$
\begin{gathered}
A_s = A_{s0}\mathrm{diag}\{\cos\delta_1,\cdots,\cos\delta_n\} + A_{t0}\mathrm{diag}\{\sin\delta_1,\cdots,\sin\delta_n\} \\
A_t = A_{t0}\mathrm{diag}\{\cos\delta_1,\cdots,\cos\delta_n\} - A_{s0}\mathrm{diag}\{\sin\delta_1,\cdots,\sin\delta_n\} \\
A_g = A_{g0}
\end{gathered} \tag{6.4}
$$

式中，A_{s0}、A_{t0} 和 A_{g0} 是 A_s、A_t 和 A_g 的初始值。

式(6.4)两端分别对时间求导，可得

$$
\begin{gathered}
\dot{A}_s = A_t\mathrm{diag}\left\{\dot{\delta}_1,\cdots,\dot{\delta}_n\right\} \\
\dot{A}_t = A_s\mathrm{diag}\left\{\dot{\delta}_1,\cdots,\dot{\delta}_n\right\} \\
\dot{A}_g = 0
\end{gathered} \tag{6.5}
$$

将式(6.4)及式(6.5)代入式(6.3)，可得

$$
\begin{aligned}
\dot{J} &= \dot{A}_s I_{cs} A_s^{\mathrm{T}} + A_s I_{cs} \dot{A}_s^{\mathrm{T}} + \dot{A}_t I_{ct} A_t^{\mathrm{T}} + A_t I_{ct} \dot{A}_t^{\mathrm{T}} \\
&= A_t\mathrm{diag}\left\{\dot{\delta}_1,\cdots,\dot{\delta}_n\right\}(I_{cs} - I_{ct})A_s^{\mathrm{T}} + A_s\mathrm{diag}\left\{\dot{\delta}_1,\cdots,\dot{\delta}_n\right\}(I_{cs} - I_{ct})A_t^{\mathrm{T}}
\end{aligned} \tag{6.6}
$$

令 h_{CMGs} 表示 SGCMG 的整体角动量，则

$$
h_{\mathrm{CMGs}} = A_g J_{cg}\dot{\delta} + A_s J_{\omega s}\Omega \tag{6.7}
$$

将式(6.7)代入式(6.2)，可得

$$
h = J W_B^I + h_{\mathrm{CMGs}} \tag{6.8}
$$

式(6.7)两端分别对时间求导，可得

$$
\dot{h}_{\mathrm{CMGs}} = A_g J_{cg}\ddot{\delta} + \dot{A}_g J_{cg}\dot{\delta} + A_s J_{\omega s}\dot{\Omega} + \dot{A}_s J_{\omega s}\Omega \tag{6.9}
$$

因为飞轮转速恒定，且 $A_g J_{cg}\ddot{\delta} \approx 0$，所以

$$
\dot{h}_{\mathrm{CMGs}} = A_t \cdot J_{\omega s} \cdot [\Omega]^d \cdot \delta \tag{6.10}
$$

式(6.8)两端对时间求导，可得

$$
\dot{h} = \dot{J} W_B^I + J\dot{W}_B^I + \dot{h}_{\mathrm{CMGs}} \tag{6.11}
$$

由动量矩定理，可得

$$
\dot{h} + W_B^I \times h = \dot{J} W_B^I + J\dot{W}_B^I + \dot{h}_{\mathrm{CMGs}} + W_B^I \times h = M \tag{6.12}
$$

其中，M 为卫星所受到的外力矩。

假设卫星所受外力矩 M=0，将式(6.8)、式(6.10)、式(6.11)代入式(6.12)整理可得

$$U = -J\dot{W}_B^I - W_B^I \times (JW_B^I + A_s J_{\omega s}\Omega) \tag{6.13}$$

式中，$U = B\ddot{\delta}+C\dot{\delta}+D\dot{\Omega}$，$B = A_g J_{cg}$，$D = A_s J_{\omega s}$，$C = A_t J_{\omega s}\left[\Omega\right]^d + W_B^I \times A_g J_{cg} + [(e_{s1}e_{t1}^{\mathrm{T}}+e_{t1}e_{s1}^{\mathrm{T}})W_B^I,\cdots,(e_{sn}e_{tn}^{\mathrm{T}}+e_{tn}e_{sn}^{\mathrm{T}})W_B^I](J_{cs}-J_{ct})$。

这里采用金字塔构型单框架控制力矩陀螺簇系统(4-SGCMG)作为小卫星的姿态控制执行机构。金字塔构型采用四个 SGCMG 单元对称安装，控制力矩陀螺安装倾角为 β=54.73°。金字塔构型单框架控制力矩陀螺簇如图 6-2 所示。

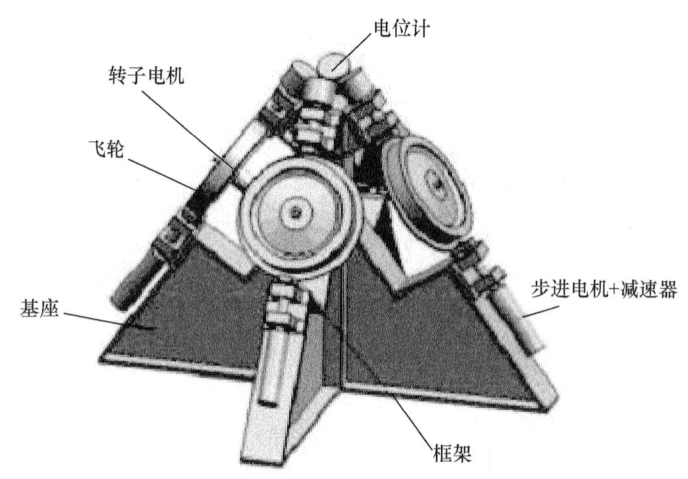

图 6-2　金字塔构型单框架控制力矩陀螺簇

在卫星本体坐标系中，金字塔构型 SGCMG 系统的角动量 $h=\begin{bmatrix} h_x & h_y & h_z \end{bmatrix}^{\mathrm{T}}$为

$$\begin{aligned} h &= \sum_{i=1}^{4} H_i(\delta_i) \\ &= h_0 \begin{bmatrix} -\cos\beta\sin\delta_1 & -\cos\delta_2 & \cos\beta\sin\delta_3 & \cos\delta_4 \\ \cos\delta_1 & -\cos\beta\sin\delta_2 & -\cos\delta_3 & \cos\beta\sin\delta_4 \\ \sin\beta\sin\delta_1 & \sin\beta\sin\delta_2 & \sin\beta\sin\delta_3 & \sin\beta\sin\delta_4 \end{bmatrix} \end{aligned} \tag{6.14}$$

式中，β为安装倾角；δ_i为第 i 个单框架控制力矩陀螺的框架角；$h_0 = J_f w_f$ 为单个控制力矩陀螺转子的角动量，J_f 为转子的转动惯量，单位为 $\mathrm{kg \cdot m^2}$，w_f 为转子的转速，单位为 rad/s。

对金字塔构型 SGCMG 系统的角动量求微分可得

$$\dot{h} = A(\delta)\dot{\delta} \tag{6.15}$$

式中，$A(\delta) = \frac{\partial h}{\partial \delta}$为雅克比矩阵，即

$$A(\delta) = \begin{bmatrix} -\cos\beta\cos\delta_1 & \sin\delta_2 & \cos\beta\cos\delta_3 & -\sin\delta_4 \\ -\sin\delta_1 & -\cos\beta\cos\delta_2 & \sin\delta_3 & \cos\beta\cos\delta_4 \\ \sin\beta\cos\delta_1 & \sin\beta\cos\delta_2 & \sin\beta\cos\delta_3 & \sin\beta\cos\delta_4 \end{bmatrix} \tag{6.16}$$

根据需要的控制力矩$U(U=\mathrm{d}h/\mathrm{d}t)$可以推算出力矩陀螺的框架指令角速度，即

$$\dot{\delta} = A^{+}\dot{h} = A^{\mathrm{T}}(AA^{\mathrm{T}})^{-1}\dot{h} = A^{\mathrm{T}}(AA^{\mathrm{T}})^{-1}U \tag{6.17}$$

式中，A^{+}为雅克比矩阵A的伪逆，在实际应用时还要考虑奇异问题。

6.3　带柔性伸杆机构小卫星的耦合动力学模型

对卫星运动的描述是在一定的参考基准下进行的，这种参考基准称为参考坐标系。为了确定小卫星的姿态，至少需要两个坐标系，一个是空间参考坐标系，另一个是星体坐标系，两者之间的角度关系决定卫星的姿态。实际上，为了获得参考天体在某个空间参考坐标系中的方向，还会用到其他的辅助坐标系。下面介绍卫星动力学建模中常用的几种参考坐标系。

1. 地心轨道坐标系($O-x_oy_oz_o$)

地心轨道坐标系是卫星轨道运动坐标系，原点O取在地心上，x_o轴沿轨道矢径方向指向航天器质心，z_o轴与轨道平面正法线方向一致，y_o轴与x_o、z_o轴成右手坐标系，并且地心轨道坐标系可由地心赤道惯性坐标系按 3-1-3 转序经 3 次转动得到。此坐标系在空间是旋转的。对地定向的三轴稳定卫星的姿态定义为此坐标系，通常称x_o、y_o、z_o轴为滚动、俯仰、偏航轴。

2. 卫星轨道坐标系($O-x_ry_rz_r$)

卫星轨道坐标系为某天体定向航天器的姿态运动参考坐标系，常用作对地定向三轴稳定航天器的姿态运动相对参考基准。原点O取在航天器质心上，z_r轴在轨道平面内沿径向指向地心，y_r轴与轨道平面负法线方向一致，x_r轴在轨道平面指向前进方向，与y_r和z_r轴构成右手坐标系。

3. 卫星本体坐标系($O-x_b y_b z_b$)

卫星本体坐标系固连于航天器中心体上的体坐标系，原点 O 取在航天器质心上。通常情况下，x_b 轴指向本体纵轴方向，y_b 轴和 z_b 轴沿本体横轴指向，并且 x_b、y_b 和 z_b 轴构成右手坐标系。对于对地定向三轴稳定航天器，在标称姿态时，x_b 轴为滚动轴，指向前进方向，y_b 轴为俯仰轴，指向轨道负法线方向，z_b 为偏航轴，沿径向指向地心。如果本体坐标系与航天器主惯量轴重合，则称之为主轴坐标系或主轴系。

本章以带两节挠性伸杆机构的小卫星为模型，建模时忽略重力的影响，本体坐标系选为主轴坐标系，考虑小卫星本体的单轴机动与挠性梁在附件坐标系平面内的弯曲变形运动，忽略其平面外柔性的影响，基于模态分析方法，利用拉格朗日动力学方程推导带挠性伸杆机构小卫星的动力学模型。

带挠性伸杆结构的小卫星模型如图 6-3 所示。该小卫星模型由中心刚体、挠性杆 1 和挠性杆 2 组成。假设只考虑挠性杆的横向振动，忽略其轴向和剪切变形，且横向振动为小变形，则挠性杆 1 和挠性杆 2 可视为 Euler-Bernoulli 梁。定义小卫星中心刚体在轨道坐标系下的坐标为 $R=\begin{bmatrix} X & Y\end{bmatrix}^{\mathrm{T}}$，挠性杆 1、挠性杆 2 的质量分别为 m_1、m_2，长度分别为 L_1、L_2，θ_0 为中心刚体在平面 OXY 内的姿态转角，θ_1、θ_2 分别为挠性杆 1、挠性杆 2 与 X 轴的夹角。

本体的位移矢量 S_0 和速度矢量 V_0 可以表示为[103]

$$
\begin{aligned}
S_0 &= R + C_0^{\mathrm{T}} R_0 \\
V_0 &= \dot{R} + C_0^{\mathrm{T}} \tilde{\omega}_0 R_0
\end{aligned}
\tag{6.18}
$$

同理，杆 1 的位移矢量 S_1 和速度矢量 V_1 可表示为

$$
\begin{aligned}
S_1 &= R + C_0^{\mathrm{T}} L_0 + C_1^{\mathrm{T}} (r_1 + u_1) \\
V_1 &= \dot{R} + C_0^{\mathrm{T}} \tilde{\omega}_0 L_0 + C_1^{\mathrm{T}} \tilde{\omega}_1 (r_1 + u_1) + C_1^{\mathrm{T}} \dot{u}_1
\end{aligned}
\tag{6.19}
$$

杆 2 的位移矢量 S_2 和速度矢量 V_2 可表示为

$$
\begin{aligned}
S_2 &= R + C_0^{\mathrm{T}} L_0 + C_1^{\mathrm{T}} (r_1 + u_{12}) + C_2^{\mathrm{T}} (r_2 + u_2) \\
V_2 &= \dot{R} + C_0^{\mathrm{T}} \tilde{\omega}_0 L_0 + C_1^{\mathrm{T}} \tilde{\omega}_1 (r_1 + u_{12}) + C_1^{\mathrm{T}} \dot{u}_{12} + C_2^{\mathrm{T}} \tilde{\omega}_2 (r_2 + u_2) + C_2^{\mathrm{T}} \dot{u}_2
\end{aligned}
\tag{6.20}
$$

其中

$$
C_i = \begin{bmatrix} \cos\theta_i & \sin\theta_i \\ -\sin\theta_i & \cos\theta_i \end{bmatrix}, \quad i = 0,1,2
\tag{6.21}
$$

$$\tilde{\omega}_i = \begin{bmatrix} 0 & -\dot{\theta}_i \\ \dot{\theta}_i & 0 \end{bmatrix}, \quad i = 0,1,2 \tag{6.22}$$

$$R = \begin{bmatrix} x_0 & y_0 \end{bmatrix}^{\mathrm{T}}, \ r_1 = \begin{bmatrix} x_1 & 0 \end{bmatrix}^{\mathrm{T}}, \ r_2 = \begin{bmatrix} x_2 & 0 \end{bmatrix}^{\mathrm{T}} \tag{6.23}$$

$$u_1 = \begin{bmatrix} 0 & u_1 \end{bmatrix}^{\mathrm{T}}, \ u_2 = \begin{bmatrix} 0 & u_2 \end{bmatrix}^{\mathrm{T}}, \ u_{12} = u_1 |_{x_1 = L_1} \tag{6.24}$$

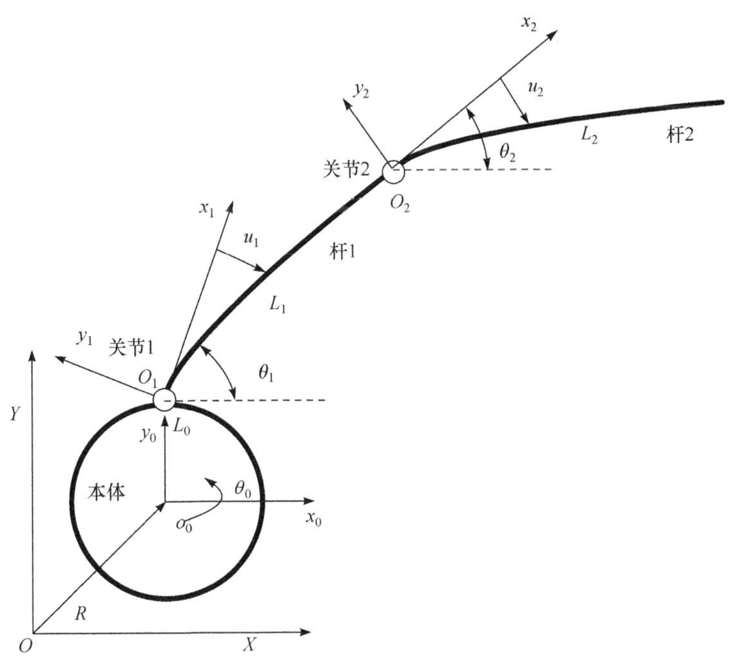

图 6-3　带挠性伸杆结构的小卫星模型

根据模态拟合法，伸杠的振动可用下式表示，即

$$u_i(x_i,t) = \sum_{j=1}^{2} \varphi_{ij}(x_i)\delta_{ij}(t), \quad i = 1,2 \tag{6.25}$$

式中，$u_i(x_i,t)$ 为弯曲变形函数；$\delta_{ij}(t)$ 为模态函数；$\varphi_{ij}(x_i)$ 为杆 i 的振型函数，其表达形式为

$$\varphi_{ij}(x_i) = \cosh(\beta_{ij}x_i) - \cos(\beta_{ij}x_i) - \frac{\sinh(\beta_{ij}L_i) - \sin(\beta_{ij}L_i)}{\cosh(\beta_{ij}L_i) + \cos(\beta_{ij}L_i)}(\sinh(\beta_{ij}x_i) - \sin(\beta_{ij}x_i)) \tag{6.26}$$

式中，β_{ij} 为特征值。

将式(6.26)简化，可得

$$1+\cosh(\beta_{ij}L_i)\cos(\beta_{ij}L_i)=0 \tag{6.27}$$

式(6.27)是一个超越方程，数值求解比较麻烦，可以将上式分为两个参数方程 $y=\cos(\beta L)$ 和 $y=-1/\cosh(\beta L)$，在同一坐标系下画出上述两参数方程的曲线。曲线的交点即式(6.27)的解。如图 6-4 所示，可以看出式(6.27)的前三阶特征根为

$$\begin{aligned}\beta_1 L&=1.875\\ \beta_2 L&=4.694\\ \beta_3 L&=7.855\end{aligned} \tag{6.28}$$

对于 $i>3$ 的各阶特征值,可以根据式(6.29)计算得到，即

$$\beta_i L=\left(i-\frac{1}{2}\right)\pi,\quad i=4,5,\cdots \tag{6.29}$$

该特征值与第 j 阶模态频率的关系为

$$w_j^2=\frac{\mathrm{EI}_i\beta_{ij}^4}{\rho_i L_i^4} \tag{6.30}$$

式中，EI_i 为挠性杆 i 的弯曲刚度；ρ_i 为挠性杆 i 的密度；L_i 为挠性杆 i 的长度。

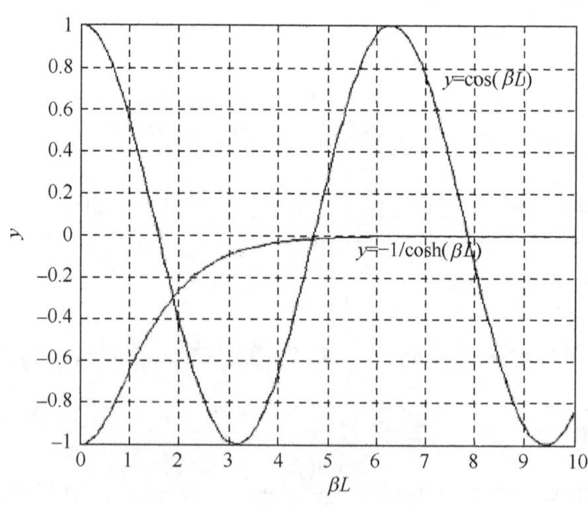

图 6-4 超越方程的图解

定义系统的广义坐标 $q=[x,\ y,\ \theta_0,\ \theta_1,\ \theta_2,\ \xi_1,\ \xi_2]^{\mathrm{T}}$，$x$ 和 y 分别为刚性载体平移运动的坐标，ξ_1、ξ_2 分别为杆 1、杆 2 的弹性变形量，可见 q

为对应于关节转角与弹性变形的广义坐标量，θ_0 为刚性小卫星本体的单轴姿态角，θ_1、θ_2 分别为伸杆 1、杆 2 的转角。

定义系统的总动能为

$$T=\sum_{i=0}^{3}T_i=\frac{1}{2}\sum_{i=0}^{3}\int_0^{L_i}\rho_i V_i^{\mathrm{T}}V_i dx_i=\frac{1}{2}\dot{q}^{\mathrm{T}}M\dot{q} \tag{6.31}$$

式中，ρ_i 为第 i 个挠性杆的线密度；V_i 为第 i 个挠性杆的速度；M 为广义质量矩阵，包括中心体和挠性伸杆的广义质量。

系统的势能为

$$U=\sum_{i=1}^{2}\frac{1}{2}\delta_i^2 K_i=\frac{1}{2}q^{\mathrm{T}}Kq \tag{6.32}$$

式中，K 为广义刚度矩阵，即

$$K=\begin{bmatrix}O_{5\times5} & O_{5\times2}\\ O_{2\times5} & K_q\end{bmatrix}=\begin{bmatrix}O_{5\times5} & O_{5\times1} & O_{5\times1}\\ O_{1\times5} & K_1 & 0\\ O_{1\times5} & 0 & K_2\end{bmatrix} \tag{6.33}$$

式中，$K_i=\int_0^{L_i}E_iI_i(\varphi_i'')^2\mathrm{d}x_i$, $i=1,2$, E_i 和 I_i 分别为杆 i 的弹性模量和惯性矩，φ_i'' 为振型函数的二次微分。

假设 F_x 和 F_y 为作用于小卫星本体的控制力，τ_0 为作用于小卫星本体的控制力矩，τ_1 和 τ_2 分别为作用于挠性伸杆关节处的控制力矩，M_1 和 M_2 分别为作用于挠性杆 1 和挠性杆 2 的分布内力矩，定义控制力 $F=\begin{bmatrix}F_x & F_y & \tau_0 & \tau_1 & \tau_2 & M_1^{\mathrm{T}} & M_2^{\mathrm{T}}\end{bmatrix}^{\mathrm{T}}$，则该系统的虚功可表示为

$$\begin{aligned}\delta W&=F_x\delta x_0+F_x\delta y_0+\tau_0\delta\theta_0+\tau_1(\delta\theta_1-\delta\theta_0)\\&\quad+\tau_2(\delta\theta_2-\delta\theta_1-\varphi_1^{\mathrm{T}}(L_1)\delta\delta_1)\\&\quad+\sum_{i=1}^{N}M_{1i}\varphi_1''^{\mathrm{T}}(x_{1i})\delta\delta_1+\sum_{i=1}^{N}M_{2i}\varphi_2''^{\mathrm{T}}(x_{2i})\delta\delta_2\\&=Q^{\mathrm{T}}\delta q\end{aligned} \tag{6.34}$$

式中，Q 为对应于广义坐标的广义力，定义为

$$Q=GF \tag{6.35}$$

定义拉格朗日函数为

$$L(q,\dot{q})=T-U \tag{6.36}$$

可以看出，拉格朗日函数是 q 和 $\dot{q}$ 的函数。为了推导系统的动态动力学特性，对拉格朗日函数求微分可得整个动态系统的动力学方程(也称为第二拉格朗日方程)，即

$$\frac{\mathrm{d}}{\mathrm{d}t}\frac{\partial L}{\partial \dot{q}}-\frac{\partial L}{\partial q}=Q \tag{6.37}$$

将式(6.31)、式(6.32)和式(6.36)代入式(6.37)，可得带挠性伸杆机构小卫星动力学方程的矩阵形式，即

$$M(q)\ddot{q}+C(q,\dot{q})\dot{q}+Kq=Q \tag{6.38}$$

式中，$M(q)$为对应于广义坐标的广义质量矩阵；$C(q,\dot{q})$ 为对应于广义坐标的广义阻尼矩阵、K 为对应于广义坐标的广义刚度矩阵，其具体表达形式见附录 A。

6.4 小　结

本章首先介绍控制力矩陀螺的基本原理，并推导基于金字塔构型控制力矩陀螺簇的卫星姿态动力学模型，然后基于模态分析方法，在广义坐标系下，利用拉格朗日动力学方程推导带挠性伸杆机构小卫星的动力学模型。在建模过程中，将带挠性伸杆机构小卫星简化为中心刚体外接挠性二连杆的空间结构，利用经典的拉格朗日方法推导系统的动力学方程，为后续的振动控制方法及其半物理实验研究提供数学基础平台。

第 7 章　带柔性伸杆机构小卫星的振动控制方法研究

7.1　引　　言

本章针对挠性伸杆机构的振动对小卫星本体的耦合作用特点，采用最优指令整形器对挠性伸杆机构的振动进行抑制，同时设计 ADRF 进一步抵消伸杆残余振动对本体的干扰影响。这种复合的振动控制策略可有效地抑制挠性伸杆机构的残余振动及其对卫星姿态控制的耦合影响。

7.2　柔性伸杆机构的振动控制方法研究

模型中的挠性伸杆机构是振动的源头，要想从整体上提高小卫星的姿态控制精度就必须对其进行振动抑制。IS 技术是一种简单有效的前馈控制方法，非常适合抑制挠性结构的残余振动。指令整形器是有意识地在系统中引入时滞环节，将脉冲序列与参考命令卷积形成的整形指令作为控制信号。脉冲序列由闭环系统的固有频率和阻尼系数得到，卷积形成的整形指令可以滤掉参考命令中引起系统振动的频率成分，消除柔性系统的残留振动。指令整形器的简单易用性、对模型误差的鲁棒性，以及能与输入信号实时作用，使其在抑制挠性系统振动领域中得到快速发展。常规指令整形器产生的延迟时间是系统半振动周期的整数倍。受振动频率制约，为了提高系统的响应速度，降低引入系统的时滞，本书采用时间最优指令整形器对挠性伸杆的结构振动进行抑制。

7.2.1　最优指令整形技术

如图 7-1 所示，IS 是指将整形脉冲序列与初始指令卷积，用形成的指令作为输入控制系统运动。初始指令根据系统的刚体运动要求得到，可以实现刚体运动。整形脉冲系列根据振动的频率和阻尼得到，用于抑制振动。

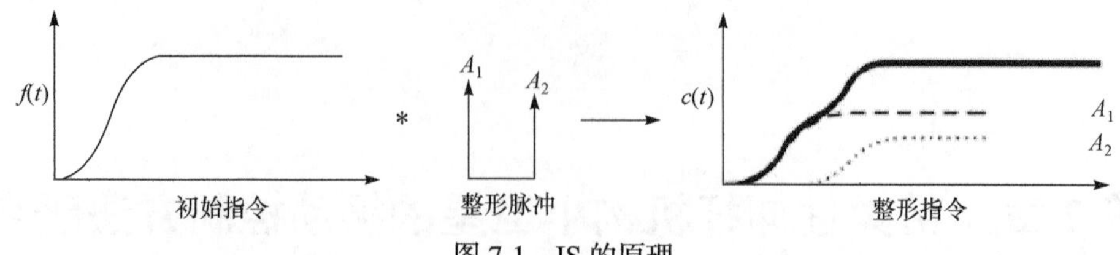

图 7-1　IS 的原理

IS 技术的作用机理可描述为将两个不同幅值的脉冲信号适时地作用到被控系统中，则脉冲 $A_1\delta(t-t_1)$ 引起的系统响应与脉冲 $A_2\delta(t-t_2)$ 引起的系统响应叠加后就可以使 t_2 时刻以后的系统响应为零(图 7-2 中实线)，从而实现抑制系统残余振动的目的。

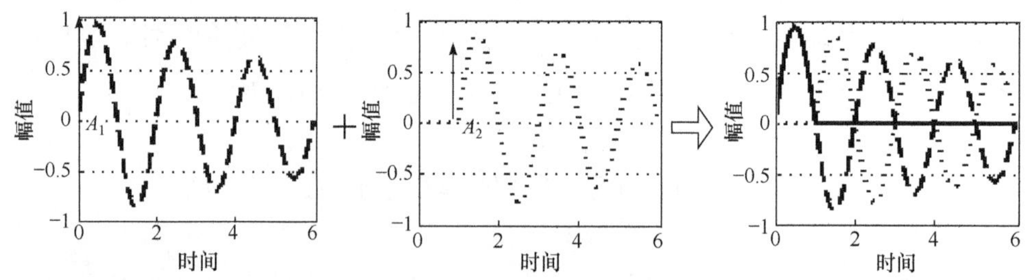

图 7-2　两脉冲信号叠加消除系统的振动

指令整形器可以简单描述为一个不同增益、等时间间隔的滞后环节，可表示为[104]

$$F(t)=\sum_{i=1}^{n}A_i\delta(t-t_i) \tag{7.1}$$

式中，A_i 和 t_i 分别为第 i 个脉冲的幅值大小和作用时间；n 为脉冲序列的长度。

将脉冲序列与原始指令输入卷积形成的整形指令作为控制信号，即可滤掉原始指令中引起系统振动的频率成分，达到抑制挠性系统残余振动的目的。

为了更详细地说明指令整形器的作用机理，下面以一个二阶振动系统为例进行介绍。设二阶系统的动力学微分方程为

$$\ddot{y}(t)+2\xi\omega_n\dot{y}(t)+\omega_n^2y(t)=\omega_n^2u(t) \tag{7.2}$$

式中，ω_n 为闭环系统的无阻尼固有频率；ξ为阻尼比。

设被控对象的单位脉冲响应为 $w(t)$，则在 IS 作用下，二阶振荡系统的

单位脉冲响应为

$$\begin{aligned} y(t) &= \sum_{i=1}^{n} A_i w(t-t_i) \\ &= \sum_{i=1}^{n} \frac{\omega_n A_i}{\sqrt{1-\xi^2}} \mathrm{e}^{-\xi\omega_n(t-t_i)} \sin\omega_d(t-t_i) \end{aligned} \tag{7.3}$$

式中，有阻尼固有频率 $\omega_d = \sqrt{1-\xi^2}\,\omega_n$。

指令整形器将脉冲序列与原始指令卷积后生成的整形指令作为控制信号，在脉冲序列作用结束后，若各个脉冲信号产生的振动叠加为零，则达到消除二阶振荡系统残留振动的目的，即

$$y(t) = 0, \quad t \geqslant t_n \tag{7.4}$$

因为要求相应幅值在脉冲作用结束后为零，根据式(7.3)和式(7.4)，可得

$$\sum_{i=1}^{n} A_i \mathrm{e}^{-\xi\omega_n(t-t_i)} \cos\omega_d(t-t_i) = 0 \tag{7.5}$$

$$\sum_{i=1}^{n} A_i \mathrm{e}^{-\xi\omega_n(t-t_i)} \sin\omega_d(t-t_i) = 0 \tag{7.6}$$

已知二阶系统的单位脉冲响应如式(7.3)，在满足式(7.5)和式(7.6)的情况下设计指令整形器就可消除系统的残留振动，但该组约束方程有无数解，需要增加适当的约束条件进一步对指令整形器的性能进行约束。

为保证滤波后的信号与滤波前的信号具有相同的增益，应满足指令整形器各个脉冲幅值之和为 1，即

$$\sum_{i=1}^{n} A_i = 1 \tag{7.7}$$

为确保系统响应不出现超调，要求脉冲幅值为正，即

$$A_i > 0 \tag{7.8}$$

指令整形器的设计方法包括脉冲响应法、零极点对消法、灵敏度曲线法和幅频特性法。典型指令整形器包括零振动(zero vibration, ZV)指令整形器、零振动微分(zero vibration and derivation, ZVD)指令整形器和极不灵敏(extra insensitivity, EI)指令整形器。ZVD 指令整形器对阻尼比误差具有较强的鲁棒性。EI 指令整形器对频率误差有较强的鲁棒性。

常规指令整形器的延迟时间是系统半振动周期的整数倍，受振动频率

制约，为了提高系统的响应速度，降低引入系统中的时滞，通常选用时间最优指令整形器(optimal input shaping, OIS)，设二阶阻尼系统的状态方程为

$$\begin{cases}\dot{X}(t)=AX(t)+Bu(t)\\ y(t)=CX(t)\end{cases} \tag{7.9}$$

式中，$A=\begin{bmatrix}0 & 1\\ -\omega_n^2 & -2\xi\omega_n\end{bmatrix}$，$\omega_n$和$\xi$分别为闭环系统的无阻尼固有频率和阻尼系数；$B=\begin{bmatrix}0 & 1\end{bmatrix}^{\mathrm{T}}$；$\mathrm{C}=\begin{bmatrix}1 & 0\end{bmatrix}$。

假设系统是线性的，并且初始状态为零，以上状态方程的解可用状态转移矩阵$\Psi(t,\tau)$表示，即

$$X(t)=\Psi(t,t_0)X(t_0)+\int_0^t\Psi(t,\tau)Bu(\tau)\mathrm{d}\tau \tag{7.10}$$

为了设计性能最优的指令整形器，选取二次型目标函数，即

$$J(t)=\frac{1}{2}X^{\mathrm{T}}(t)WX(t) \tag{7.11}$$

式中，W为正定加权阵，对应输入输出变化率的加权，这里W取二阶单位阵。

令n=3, $A_1=1$, $X(0)$=0，$\boldsymbol{f}$=[A_2 A_3]^{T}, $\Phi(t)=\left[\Psi(t,T)B \quad \Psi(t,2T)B\right]$，将式(7.1)和式(7.10)代入式(7.11)，目标函数可简化为

$$J(t)=\frac{1}{2}(\Psi(t,0)B+\Psi(t)f)^{\mathrm{T}}W(\Psi(t,0)B+\Psi(t)f) \tag{7.12}$$

根据优化理论，目标函数最小的充要条件为

$$\partial J(t)/\partial f=0 \tag{7.13}$$

$$\partial^2 J(t)/\partial f^2=0 \tag{7.14}$$

解式(7.12)～式(7.14)，可得

$$f=-(\Phi^{\mathrm{T}}(t)W\Phi(t))^{-1}\Phi^{\mathrm{T}}(t)W\Psi(t,0)B \tag{7.15}$$

将状态转移矩阵代入式(7.15)，并对指令整形器的各参数进行归一化处理，可得

$$F(t)=A_1\delta(t)+A_2\delta(t-T)+A_3\delta(t-2T) \tag{7.16}$$

式中，$\delta(*)$为作用在某一时刻的单位脉冲，整形器中的幅值为

$$
\begin{cases}
A_1 = \dfrac{1}{A} \\
A_2 = -\dfrac{2\cos(w_d T)\mathrm{e}^{-\xi w_n T}}{A} \\
A_3 = \dfrac{\mathrm{e}^{-2\xi w_n T}}{A}
\end{cases}
\tag{7.17}
$$

式中，$A = 1 - 2\cos(\omega_d T)\mathrm{e}^{-\xi\omega_n T} + \mathrm{e}^{-2\xi\omega_n T}$，固有频率 $\omega_d = \sqrt{1-\xi^2}\,\omega_n$。

可以看出，最优指令整形器的第一个和第三个脉冲为正脉冲，第二个脉冲的正负由 $\cos(\omega_d T)$ 决定。ω_d 是系统本身固有的，所以第二个脉冲的正负是由时滞 T 的大小决定的。若指令整形器的脉冲序列中含有负脉冲，一定程度上可以提高系统的响应速度，但在短时间内可能导致实际信号超过参考命令信号，出现控制指令溢出的现象，且易激励未建模的高阶模态振动。因此，在实际应用中，要根据实际情况选取 T 的大小，保证在有效抑制系统残留振动的同时，系统具有理想的响应速度。

7.2.2　基于最优指令整形器的柔性伸杆振动控制

本章在研究挠性伸杆的振动控制时，侧重点在更快地抑制其振动。考虑经典的 PID 控制具有设计简单、性能稳定等优点，同时为了提高系统的响应速度，本章仅采用 PD 反馈控制。基于最优指令整形器的伸杆振动控制如图 7-3 所示。

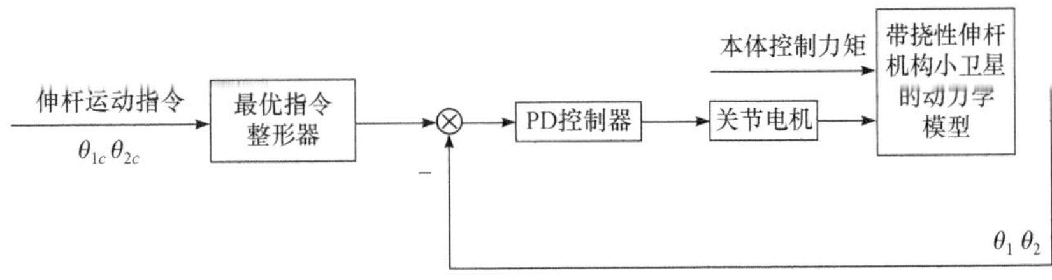

图 7-3　基于最优指令整形器的伸杆振动控制

由于弹性振动中起主要作用的是低阶模态振动，为避免引入较长的时滞，这里只针对挠性伸杆的一阶模态振动设计最优指令整形器。原始的伸杆运动指令是根据伸杆转动角度 θ_{1c}、θ_{2c} 和期望转动时间 t_c 设计得到的，与最优指令整形器卷积后形成的运动指令可以滤掉原始指令中引起系统振动的频率成分，达到抑制挠性伸杆残余振动的目的。

7.3　小卫星本体振动控制方法研究

由于系统的非线性特征，挠性伸杆的振动不可能得到完全的抑制，此时挠性伸杆的残余振动仍然会耦合作用到卫星本体，且挠性伸杆的残余振动对卫星本体的耦合影响可以等效为周期性的干扰力矩。对周期性扰动问题的处理主要包括两种。一种是基于重复学习控制原理的方法，这类建立在内模原理基础上的控制算法，通过对以前周期信息的学习来提高当前周期的控制性能。这类方法适用于干扰为周期性且频率已知的情况，已经被广泛地应用于硬盘驱动控制中。当干扰信号的主频率随时间而变化时，这种方法便不再适用了。另一种是自适应干扰消除法，可以消除具有恒定或恒定未知频率的干扰。

DRF 简单实用，在卫星的姿态控制器中引入扰动抑制滤波器可以消除周期性干扰对卫星本体姿态的干扰影响，所以本节基于经典的 PD 控制结合扰动抑制滤波器来设计小卫星本体的控制器。但是，扰动抑制滤波器对变频干扰的鲁棒性较差，所以本节还设计了一种基于陷波滤波器的频率估计算法来建立扰动抑制滤波器的参数自适应调整机制。

7.3.1　自适应扰动抑制滤波器工作原理分析

扰动抑制滤波器基于内模原理。内模原理是指将干扰的极点置于系统的控制回路中。这样就可以使不稳定的干扰极点通过闭环控制系统来消除其对控制系统输出的影响[50]。基于内模原理的干扰抑制闭环控制系统如图 7-4 所示。

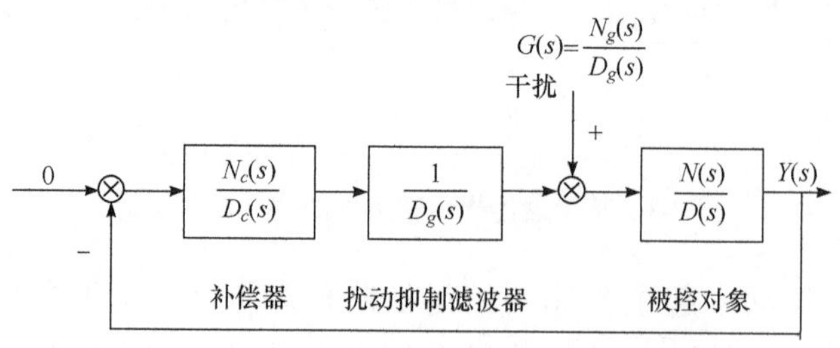

图 7-4　基于内模原理的干扰抑制闭环控制系统

在图 7-4 中，控制系统环节中的$1/D_g(s)$称为干扰力矩的内部模型，将$D_g(s)$置于控制系统回路中可以有效地取消$D_g(s)$的极点；$N_c(s)/D_c(s)$为控

制系统补偿环节的传递函数；$N(s)/D(s)$ 被控对象的传递函数。闭环控制系统基于干扰的传递函数为

$$
\begin{aligned}
Y(s) &= \frac{\dfrac{N(s)}{D(s)}}{1+\dfrac{N(s)N_c(s)}{D(s)D_c(s)D_g(s)}}G(s) \\
&= \left(\frac{D_c(s)D_g(s)N(s)}{D(s)D_c(s)D_g(s)+N_c(s)N(s)}\right)\frac{N_g(s)}{D_g(s)}
\end{aligned} \tag{7.18}
$$

可以看出，干扰的极点被消除了。

尽管传统 DRF 只有分母形式，实际的 DRF 传递函数的分子与分母的阶数是相同的。根据内模原理的基本思想，将振动的频率作为干扰抑制频率 w_p，则扰动抑制滤波器可设计为

$$
G_{\mathrm{DRF}}(s) = \frac{s^2/w_z^2+1}{s^2/w_p^2+1} = \prod_i \frac{s^2/w_{zi}^2+1}{s^2/w_{pi}^2+1} \tag{7.19}
$$

为了提高振动抑制性能，可以在分子上增加阻尼项，即

$$
\begin{aligned}
G_{\mathrm{DRF}}(s) &= \frac{s^2/w_z^2+2\xi_z s/w_z+1}{s^2/w_p^2+1} \\
&= \prod_i \frac{s^2/w_{zi}^2+2\xi_{zi} s/w_{zi}+1}{s^2/w_{pi}^2+1}
\end{aligned} \tag{7.20}
$$

在式(7.20)中，一对 w_p 和 w_z 称为偶极子，每一对偶极子对应干扰中的一个频率成分，但通常情况下只考虑干扰中起主要作用的几个低频成分。w_p 与 w_z 的差值越大，系统的瞬态回应时间就越短。另外，w_p 与 w_z 值的大小还会影响系统在高于偶极子频率时的系统增益，如图 7-5 和图 7-6 所示的是 w_p 与 w_z 取不同值时扰动抑制滤波器的 bode 图。

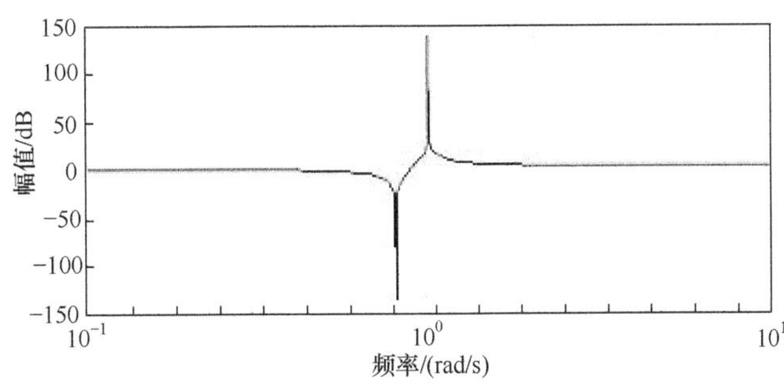

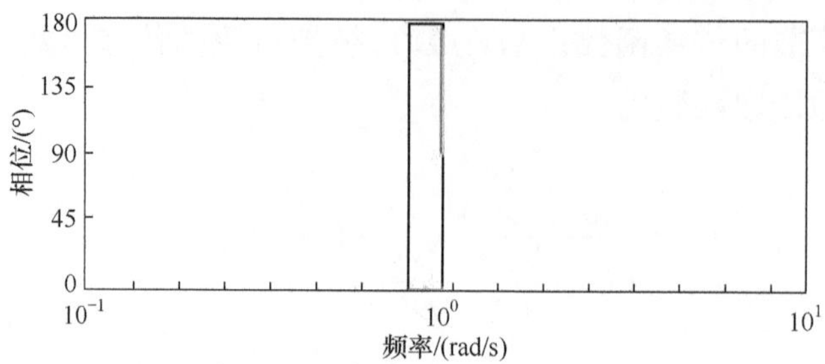

图 7-5　扰动抑制滤波器的 bode 图 1($w_p = 1$ ， $w_z = 0.8$ ， $\xi = 0$)

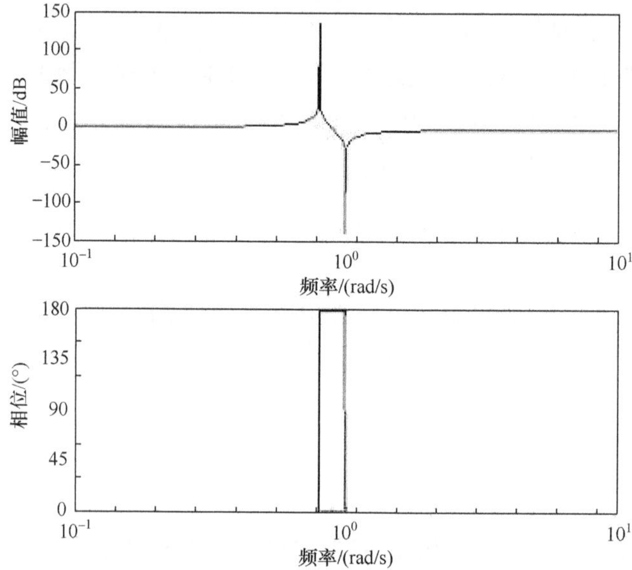

图 7-6　扰动抑制滤波器的 bode 图 2($w_p = 0.8$ ， $w_z = 1$ ， $\xi = 0$)

扰动抑制滤波器原理简单、计算量小、易于实现，但其对变频干扰的鲁棒性较差。由于系统的非线性因素，伸杆的振动频率会发生微小的变化，因此如何提高扰动抑制滤波器对变频干扰的鲁棒性是滤波器设计的关键。

针对上述问题，一个有效的方法就是引入频率估计算法实时地调整滤波器的参数。文献[72]根据控制输入力矩的拍频现象间接计算干扰的频率，这种方法的计算精度依赖对拍频信号的测量与计算精度。文献[73]利用求解系统特征值的方法获得干扰的频率信息，这种方法计算精度较高，但计算量很大。为减小计算量，下面设计一种基于陷波滤波器的频率估计方法。

考虑卫星的姿态角速度信号中含有本体受到的振动干扰信息，稳态时的姿态角速度信号可以近似用一正弦函数表示为

$$y(t)=\sum_{i=1}^{n}A_i\sin(w_it+\phi_i) \tag{7.21}$$

式中，A_i、w_i 和 ϕ_i 分别为幅值、角频率和相位。

对式(7.21)做如下变形处理[105]，即

$$\begin{cases}\ddot{x}_i+\theta_i^2x_i=2\xi_i\theta_i^2e(t)\\ \dot{\theta}_i=-\gamma_ix_i\theta_i^2e(t)\\ e(t)=y(t)-\sum\limits_{i=1}^{n}\dfrac{\dot{x}_i}{\theta_i}\end{cases},\quad i=1,2,\cdots,n \tag{7.22}$$

式中，θ_i 为第 i 个估计的频率；参数 ξ_i 和 γ_i 决定第 i 个频率的估计精度和收敛速度。

对一个单一频率的待估计信号来说，上式可简化为

$$\begin{cases}\ddot{x}+\theta^2x=2\xi\theta^2e(t)\\ \dot{\theta}=-\gamma x\theta^2e(t)\\ e(t)=y(t)-\dfrac{\dot{x}}{\theta}\end{cases} \tag{7.23}$$

陷波滤波器有一个唯一的局部稳定的周期性循环量，即

$$\bar{\Theta}=\begin{bmatrix}x\\ \dot{x}\\ \theta\end{bmatrix}=\begin{bmatrix}-A_1\cos(w_1t+\phi_1)\\ A_1w_1\sin(w_1t+\phi_1)\\ w_1\end{bmatrix} \tag{7.24}$$

$\bar{\Theta}$ 的第三项是待估计信号的频率，首先从卫星本体姿态角速度的信息中估计出干扰的频率，然后建立扰动抑制滤波器参数的自适应调节机制。

这种频率估计方法具有算法简单、计算量小的优点，对变频信号有较好的估计结果。为说明此方法对变频信号具有较好的鲁棒性，现对式(7.25)表示的信号进行频率估计。频率估计曲线如图 7-7 所示。可以看出，在 t=10s 信号的频率发生突变后，频率估计方法仍然可以快速且准确地估计出信号的频率，因此可以很好地估计出小卫星本体受到的振动干扰频率，即

$$y=\begin{cases}\sin(2.2\pi t+\pi/6), & 0<t<10\\ \sin(2\pi t+\pi/6), & t>10\end{cases} \tag{7.25}$$

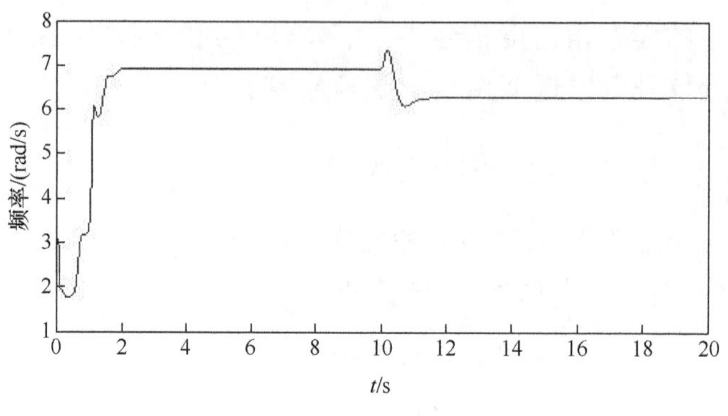

图 7-7　频率估计曲线

7.3.2　基于自适应扰动抑制滤波器的小卫星本体振动控制

由于模型的不确定性，以及系统的非线性特征，挠性伸杆的振动无法被完全抑制，其残余振动仍然会耦合影响小卫星本体的姿态。为了进一步提高小卫星本体的姿态控制精度和姿态稳定度，本章在本体姿态控制中设计了基于 ADRF 的滤波器，使控制力矩陀螺产生相应的陀螺力矩来抵消伸杆的振动干扰力矩对小卫星本体的耦合影响。

如图 7-8 所示，为简化计算，本章基于经典的 PD 输出反馈控制方法设计卫星本体的姿态控制器。PD 控制器输出的控制信号经 ADRF 后形成新的控制信号。此控制信号经控制力矩陀螺动力学解算后得到框架角速度指令，继而控制力矩陀螺产生用于抵消伸杆残余振动对本体姿态影响的力矩。

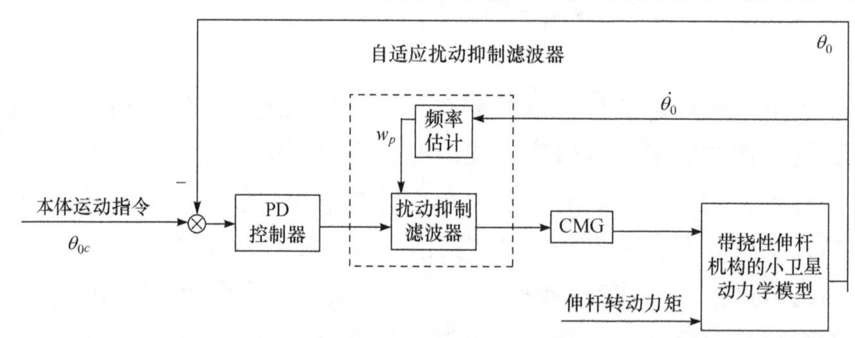

图 7-8　基于 ADRF 的本体振动控制

7.4　小卫星的模态不敏感机动规划方法研究

最优指令整形器和 ADRF 主要用于抑制系统的低阶振动，不适合对系统的高阶振动进行控制。然而，卫星的快速姿态机动容易激发出伸杆的高阶模态振动，而且高阶模态振动具有一定的不确定性，所以如何解决卫星姿态机动后的振动问题也是提高此类小卫星姿态稳定度的一个重要方面。

值得一提的是，带挠性附件小卫星机动后引起的振动从数学上讲是其系统动力学方程的齐次解，当输入中没有对应系统固有的模态频率成分时，系统输出中就不会出现相应的齐次解，即不会产生相应的振动。因此，可以从输入端出发，通过设计特殊的机动方式来避免激发出挠性伸杆的模态振动。模态不敏感机动规划(mode insensitive maneuvering profiler, MIMP)[106]就是这样一种方法。它实际上是一种前馈方法，通过一个特殊的函数对运动的加速度进行规划，而加速度规划函数根据需要抑制的最低模态频率和机动角度，以及机动时间设计得到的。

加速度规划函数的基本数学表达形式为

$$a(t)=\frac{\sin(w_N t)}{w_N t} \tag{7.26}$$

式中，w_N 为零响应频率，当 $w>w_N$ 时，函数的频率响应为零，这样就可以不激发系统的模态振动。

在实际应用中，需根据要抑制的最低模态频率 w_N、姿态机动角度 θ_M，以及机动时间 t_M，设计如下形式的机动加速度曲线，即

$$a(t)=A\left(\frac{\sin(w_N(t-t_1))}{w_N(t-t_1)}-\frac{\sin(w_N(t-t_2))}{w_N(t-t_2)}\right) \tag{7.27}$$

$$\begin{cases} t_1=t_M/2-(2\pi/w_N)/2 \\ t_2=t_M/2+(2\pi/w_N)/2 \end{cases} \tag{7.28}$$

式(7.27)表示的加速度函数由两部分构成，即正加速度函数和负加速度函数。它们之间存在一定的时差(半个周期)，两者叠加后即可得末状态速度为零的加速度函数。

例如，若取 $w_N=0.4\pi$，$t_M=15\text{s}$，则由式(7.27)得到的机动加速度曲线如图 7-9(a)所示。它是由图 7-9(b)所示的正加速度曲线和负加速度曲线叠加而成的。

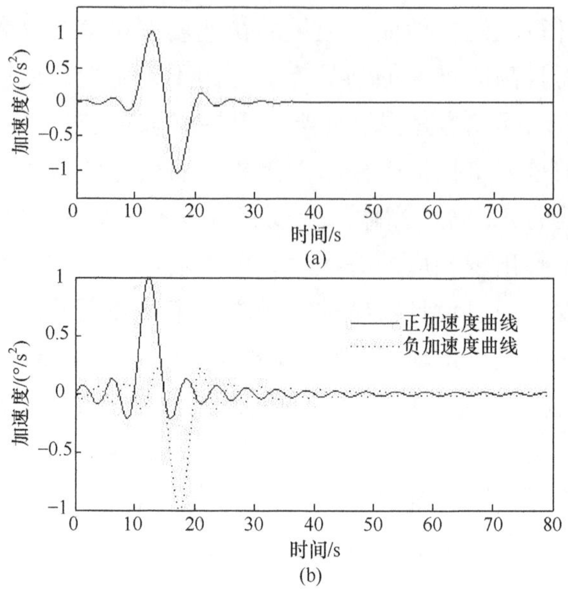

图 7-9　角加速度规划曲线

上述加速度规划函数的频率响应曲线如图 7-10 所示。可以看出，加速度规划函数在截止频率($w_N = 0.4\pi$ ，即 0.2Hz)以上的频率响应为零，也就是说输入信号中高于 0.2Hz 的所有频率成分都不会引起系统的响应，从而实现避免激发截止频率以上所有模态振动的目的。

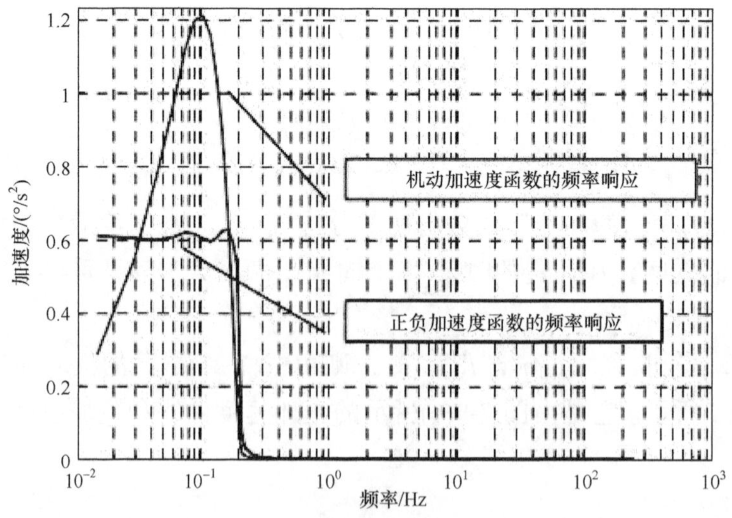

图 7-10　加速度规划函数的频率响应曲线

图 7-9(a)中机动结束后加速度曲线仍残余一定的波纹。为了保证机动后卫星本体的姿态角速度为零，需要对加速度规划曲线作进一步的处理，本章采用窗函数对机动加速度进行平滑处理。窗函数(采用汉明窗)的数学表达式为

$$g(t)=\begin{cases}a+(1-a)\cos\left(\dfrac{2\pi}{t_M}\left(t-\dfrac{t_1+t_2}{2}\right)\right), & \left|t-\dfrac{t_1+t_2}{2}\right|\leqslant\dfrac{t_M}{2}\\ 0, & \left|t-\dfrac{t_1+t_2}{2}\right|\leqslant\dfrac{t_M}{2}\end{cases}\tag{7.29}$$

式中，参数 a 需根据实际情况调节，其调节标准是使机动减速后的加速度残余波纹达到最小。

加窗后的机动加速度曲线如图 7-11 所示。可以看出，经窗函数处理后的加速度曲线波纹达到最小。加窗后的机动角速度曲线如图 7-12 所示。

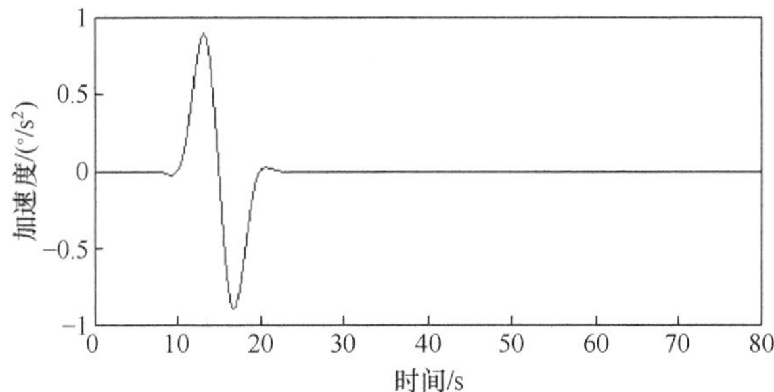

图 7-11　加窗后的机动加速度曲线

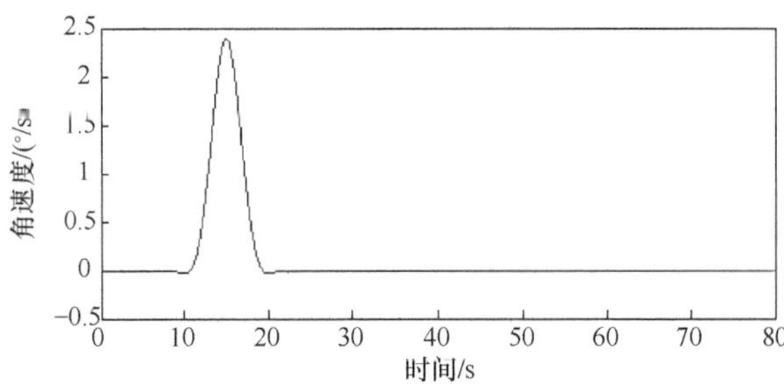

图 7-12　加窗后的机动角速度曲线

7.5　带柔性伸杆机构小卫星的振动控制仿真研究

如图 7-13 所示，针对挠性伸杆的弹性振动耦合作用到卫星本体的问题，

本章设计了一种基于伸杆 OIS 结合本体 ADRF 的复合振动控制策略，即采用 IS 技术抑制挠性伸杆的弹性振动。由于系统的非线性因素，伸杆的振动不能得到完全的抑制，仍会有一定的残余振动。此振动仍然会耦合影响卫星本体的姿态，因此在本体姿态控制器中设计 ADRF 可以使控制力矩陀螺产生相应的陀螺力矩来抵消伸杆的振动干扰力矩对小卫星本体的耦合影响，进一步提高卫星本体的姿态控制精度和姿态稳定度。另外，在小卫星需要姿态机动时，可以通过设计特殊的本体 MIMP 指令保证小卫星机动后的本体姿态稳定性。

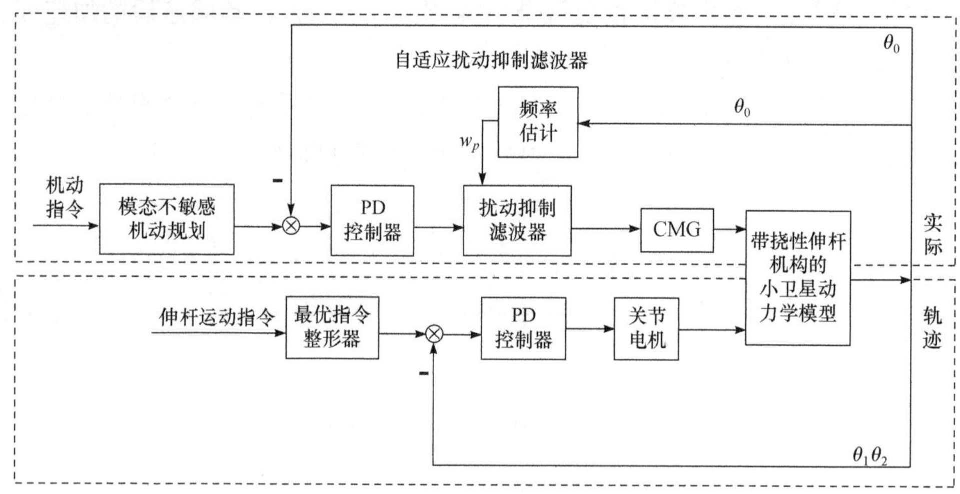

图 7-13　系统的控制框图

7.5.1　振动控制方法的稳定性分析

在进行数值仿真前，需要对本章设计的复合振动控制方法对系统的稳定性影响进行分析。在本体 PD 反馈控制器的基础上，选择适当的扰动抑制滤波器即可实现控制系统的稳定，因此扰动抑制滤波器的设计参数，即扰动频率估计的收敛性成为保障系统渐近稳定的先决条件。本节主要对基于陷波滤波器的频率估计算法进行稳定性分析。

假设频率估计的输入信号为 $y(t)=a_1\cos w_0 t+b_1\sin w_0 t+n(t)$，其中 a_1、b_1 和 w_0 是未知的常量，$n(t)$ 为任一随机函数(如量测噪声)。为了简化推导过程，假设 $n(t)=0$，根据式(7.23)可得到一个局部稳定的周期性循环量，即

$$\Gamma_0(t)=\begin{bmatrix}x\\ \dot{x}\\ \theta\end{bmatrix}=\begin{bmatrix}a_1\sin w_0t-b_1\cos w_0t\\ w_0(a_1\cos w_0t+b_1\sin w_0t)\\ w_0\end{bmatrix} \tag{7.30}$$

将式(7.23)写成标准形式，即

$$\begin{cases}\dot{x}_1=x_2\\ \dot{x}_2=-\theta^2x_1-2\xi\theta x_2+2\xi\theta^2y\\ \dot{\theta}=-\gamma x_1\theta^2y+\gamma\theta x_1x_2\end{cases} \tag{7.31}$$

动态系统对标准的单一正弦信号是稳定的，而且可以非常准确地估计出正弦信号的频率。根据文献[107]介绍的李亚普诺夫转化方法，可以将上式写为

$$\begin{bmatrix}x_1\\ x_2\\ \theta\end{bmatrix}=\begin{bmatrix}\sin w_0t & -\cos w_0t & 0\\ w_0\cos w_0t & w_0\sin w_0t & 0\\ 0 & 0 & 1\end{bmatrix}\begin{bmatrix}u\\ v\\ \theta\end{bmatrix} \tag{7.32}$$

式中，状态矩阵$[u\quad v\quad \theta]^{\mathrm{T}}$的微分表达形式为

$$\begin{bmatrix}\dot{u}\\ \dot{v}\\ \dot{\theta}\end{bmatrix}=\begin{bmatrix}\dfrac{w_0^2-\theta^2}{w_0}\left(\dfrac{u}{2}\sin 2w_0t-v\cos^2 w_0t\right)-2\xi\theta\left(u\cos^2 w_0t+\dfrac{v}{2}\sin 2w_0t\right)\\ +\dfrac{2\xi}{w_0}\theta^2y(t)\cos w_0t\\ \dfrac{w_0^2-\theta^2}{w_0}\left(u\sin^2 w_0t-\dfrac{v}{2}\sin 2w_0t\right)-2\xi\theta\left(\dfrac{u}{2}\sin 2w_0t+v\sin^2 w_0t\right)\\ +\dfrac{2\xi}{w_0}\theta^2y(t)\sin w_0t\\ -\gamma\theta^2y(t)(u\sin w_0t-v\cos w_0t)+\gamma\theta w_0\\ \times\left(\dfrac{1}{2}(u^2-v^2)\sin 2w_0t-uv\cos 2w_0t\right)\end{bmatrix} \tag{7.33}$$

假设非零常量ε满足$0<\varepsilon\ll 1$，令$\xi=\varepsilon\hat{\xi}$，$\gamma=\varepsilon^2\hat{\gamma}$，$\varepsilon\Omega=(\theta^2-w_0^2)/2w_0$，$\varepsilon\dot{\Omega}=\theta\dot{\theta}/w_0$，$w_0=\mathrm{d}\tau/\mathrm{d}t$，则式(7.33)可以用下式表示为

$$
\begin{bmatrix} u' \\ v' \\ \Omega' \end{bmatrix} = \frac{\varepsilon}{w_0} \begin{bmatrix} -2\Omega\left(\dfrac{u}{2}\sin 2\tau - v\cos^2\tau\right) - 2\hat{\xi}(w_0^2 + 2\varepsilon w_0 \Omega)^{1/2} \\ \times\left(u\cos^2\tau + \dfrac{v}{2}\sin 2\tau\right) + \dfrac{2\hat{\xi}}{w_0}(w_0^2 + 2\varepsilon w_0\Omega) y(\tau)\cos\tau \\ -2\Omega\left(u\sin^2\tau - \dfrac{v}{2}\sin 2\tau\right) - 2\hat{\xi}(w_0^2 + 2\varepsilon w_0\Omega)^{1/2} \\ \times\left(\dfrac{u}{2}\sin 2\tau + v\sin^2\tau\right) + \dfrac{2\hat{\xi}}{w_0}(w_0^2 + 2\varepsilon w_0\Omega) y(\tau)\sin\tau \\ -\dfrac{\hat{\gamma}}{w_0}(w_0^2 + 2\varepsilon w_0\Omega)^{3/2} y(\tau)(u\sin\tau - v\cos\tau) \\ +\hat{\gamma}(w_0^2 + 2\varepsilon w_0\Omega)\left[\dfrac{1}{2}(u^2 - v^2)\sin 2\tau - uv\cos 2\tau\right] \end{bmatrix} \tag{7.34}
$$

式中，$y(\tau) = a_1\cos\tau + b_1\sin\tau + n(\tau)$；$[u' \quad v' \quad \Omega']^{\mathrm{T}}$ 为 $[u \quad v \quad \Omega]^{\mathrm{T}}$ 对 τ 的微分。

式(7.34)可以看成由平均理论(见附录 B)得到的标准形式，根据平均理论的微分形式可将上式化为

$$
\begin{bmatrix} u'_{av} \\ v'_{av} \\ \Omega'_{av} \end{bmatrix} = \varepsilon \begin{bmatrix} \dfrac{1}{w_0}\Omega_{av} v_{av} - \hat{\xi} u_{av} + \hat{\xi} a_1 \\ -\dfrac{1}{w_0}\Omega_{av} u_{av} - \hat{\xi} v_{av} + \hat{\xi} b_1 \\ -\hat{\gamma} w_0\left(u_{av}\dfrac{b_1}{2} - v_{av}\dfrac{a_1}{2}\right) \end{bmatrix} \tag{7.35}
$$

式(7.35)在 $(u_{av}, a_{av}, \Omega_{av}) = (a_1, b_1, 0)$ 处有一个唯一平衡点，在平衡点附近定义的新状态量为

$$
\begin{aligned} z_1 &= u_{av} - a_1 \\ z_2 &= v_{av} - b_1 \\ z_3 &= \Omega_{av} / w_0 \varepsilon \end{aligned} \tag{7.36}
$$

可得

$$
\begin{aligned} z_1' &= z_2 z_3 - \xi z_1 + b_1 z_3 \\ z_2' &= -z_1 z_3 - \xi z_2 - a_1 z_3 \\ z_3' &= -\gamma / 2(z_1 b_1 - z_2 a_1) \end{aligned} \tag{7.37}
$$

式(7.37)的线性化形式在平衡点 Z=0 处具有如下特征多项式，即

$$(s+\xi)\left[s^2+\xi s+\frac{\gamma}{2}(a_1^2+b_1^2)\right]=0 \tag{7.38}$$

所以系统在平衡点处是渐近稳定的。

当$\gamma>0$时，具有连续偏导数的标量函数，即

$$V(Z)=\frac{1}{2}\left(z_1^2+z_2^2+\frac{2}{\gamma}z_3^2\right) \tag{7.39}$$

则对其微分可得

$$V'(Z)=-\xi(z_1^2+z_2^2) \tag{7.40}$$

当$\xi>0$时，$V'(Z)$是半负定的，根据李亚普诺夫稳定性判据可知，式(7.35)表示的平均系统是渐近稳定的。

根据平均理论，当ε很小时，式(7.34)表示的系统在其平衡点附近具有唯一的以 2π为周期的周期性循环量$\Theta(\varepsilon)$。式(7.23)的渐近稳定周期性循环量可以表示为

$$\Gamma_\varepsilon(t)=\begin{bmatrix} x \\ \dot{x} \\ \theta \end{bmatrix}=\begin{bmatrix} (a_1+\Theta(\varepsilon))\sin w_0 t-(b_1+\Theta(\varepsilon))\cos w_0 t \\ w_0\left[(a_1+\Theta(\varepsilon))\cos w_0 t+(b_1+\Theta(\varepsilon))\sin w_0 t\right] \\ w_0+\Theta(\varepsilon) \end{bmatrix} \tag{7.41}$$

当输入信号$y(t)$中只含有基频成分，即$n(t)=0$时，(a_1,b_1,w_0)和$(a_1,b_1,0)$分别是式(7.33)和式(7.34)的固定点，也就是说此时的周期性循环量就是平衡点，因此式(7.41)可以等效为式(7.30)。

需要说明的是，当$V(Z)\to\infty$时，$\|Z\|\to\infty$，但是证明李亚普诺夫稳定性时所基于的平均理论是局部稳定的，因此周期性循环量$\Theta(\varepsilon)$也只是局部稳定的。

7.5.2　带挠性伸杆机构小卫星振动控制方法的数值仿真

为了验证本章设计的振动控制方法的有效性，本节在带挠性伸杆机构小卫星的数学模型上对复合振动控制方法进行数值仿真。在仿真过程中，小卫星本体的姿态控制执行机构采用基于金字塔构型的 4-SGCMG 系统，数值仿真参数如下。

带伸杆机构小卫星的模型参数为$m_0=50\text{kg}$、$I_x=50\text{kg}\cdot\text{m}^2$、$I_y=55\text{kg}\cdot\text{m}^2$、$L_0=1\text{m}$、$L_1=L_2=5\text{m}$、$\text{EI}=35.94\text{kg}\cdot\text{m}^2$。

本体和伸杆的 PD 控制参数分别为 $K_{p0}=240$、$K_{p1}=20$、$K_{p2}=20$、$K_{D0}=400$、$K_{D1}=0.22$、$K_{D2}=0.1$。

ADRF 的参数设置为 $k=0.98$、$\xi_z=0.025$、$\zeta=0.807$、$\gamma=500000$。

本章在建模过程中仅考虑挠性伸杆的一阶模态影响。不失一般性，将挠性伸杆的高阶模型及其不确定性对小卫星本体的耦合影响简化为干扰的形式加到系统中，用如下传递函数表示，即

$$\frac{\theta}{T}=\frac{1}{J}\sum_{i=1}^{2}\frac{k_{mi}}{s^2+2\xi_{mi}w_{mi}s+w_{mi}^2}$$

式中，J 为小卫星的总转动惯量；k_{mi} 为挠性模态增益；ξ_{mi} 为挠性附件振动阻尼；w_{mi} 为非约束挠性模态频率；θ 为小卫星本体姿态角。

本章取 $k_{m1}=0.1$、$k_{m2}=0.05$、$w_{m1}=2.51$、$w_{m2}=6.47$、$\xi_{m1}=0.001$、$\xi_{m2}=0.002$。

运动规划轨迹为小卫星本体在 60s 内单轴机动 25°，挠性杆杆 1、杆 2 在 40s 内分别转动 20° (角速度由零匀加速到最大，再匀减速到零)。

数值仿真结果如图 7-14～图 7-16 所示。当使用经典 PD 控制器时，本体姿态角和两关节转角的控制精度并不高。在伸杆的运动控制中，加入最优指令整形器(PD+OIS)后，伸杆的残余振动得到大幅的抑制，伸杆的振动干扰对卫星本体姿态的耦合影响就相应减弱，从而显著提高卫星本体的姿态控制精度。

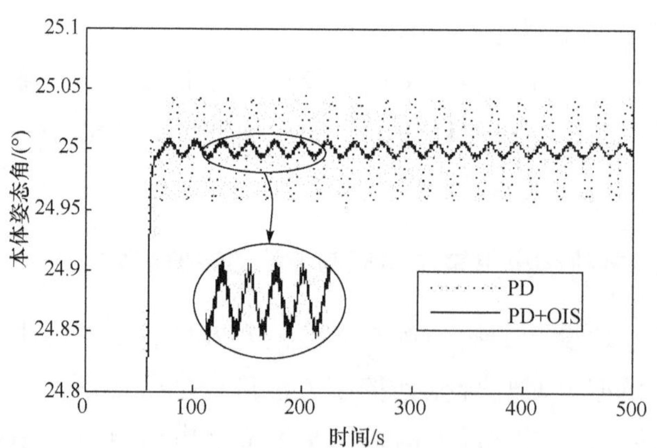

图 7-14　基于 OIS 控制的本体姿态角

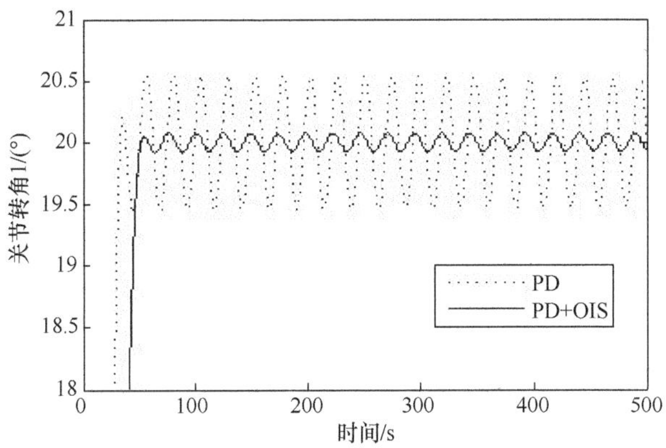

图 7-15　基于 OIS 控制的关节转角 1

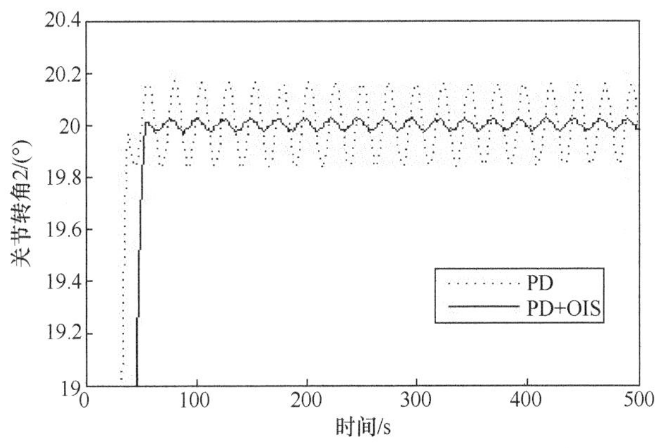

图 7-16　基于 OIS 控制的关节转角 2

可以看出，仅对伸杆的运动采用 OIS 进行振动抑振时卫星本体的姿态角信息中仍含有一些谐波成分。这主要是由带挠性伸杆机构小卫星的高阶模态及其不确定性造成的，这种谐波振动会严重影响卫星上光学望远镜等高精密科学仪器的工作精度。为此，本章采用 MIMP 对卫星的机动方式重新进行规划，这里主要针对系统的高级模态设计 MIMP 函数，即将加速度规划函数中的截止频率 w_N 设置为 $w_1 < w_N < w_2$ (其中 w_i 表示第 i 阶模态频率)。因此，小卫星根据新的机动指令完成姿态机动后就不会激发出截止频率 w_N 以上的模态振动。

从图 7-17 中可以看出，对小卫星的原始机动指令重新进行 MIMP(MIMP+OIS)后，小卫星完成姿态机动后就不会激发系统的高阶模态振动，表现在仿真结果上就是卫星本体姿态角曲线变得比较平滑，谐波成分得到很好的抑制，并且卫星本体和关节转角的控制精度(图 7-18 和图 7-19)也有所提高。

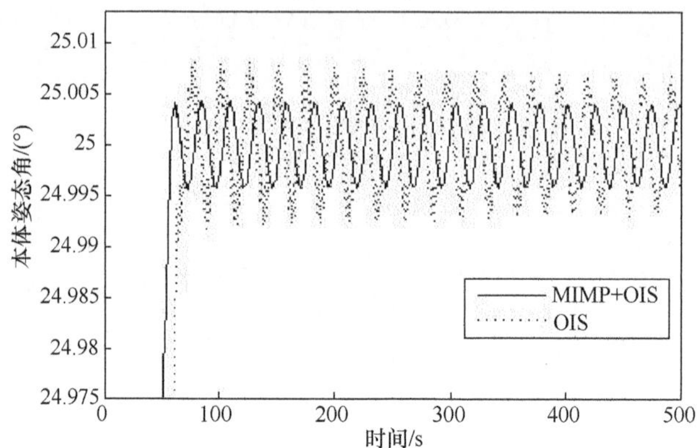

图 7-17　基于 MIMP 和 OIS 控制的本体姿态角

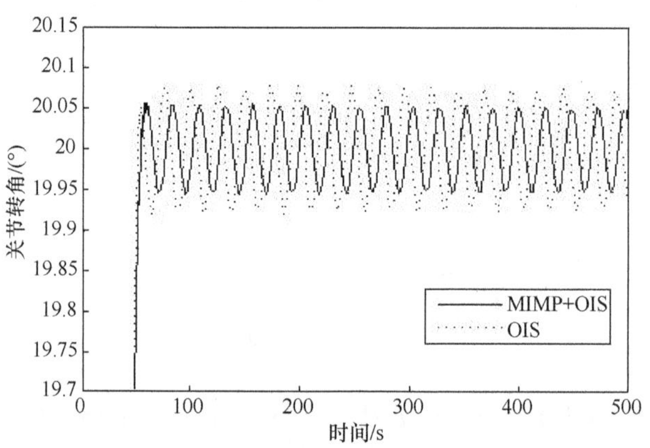

图 7-18　基于 MIMP 和 OIS 控制的关节转角 1

由于系统的非线性因素，挠性伸杆的振动不能完全被抑制，仍会有一定的残余振动，耦合影响卫星本体的姿态。为了进一步减小挠性伸杆的残余振动对卫星本体姿态控制的耦合影响，可以在卫星本体控制中设计 ADRF，使控制力矩陀螺产生相应的陀螺力矩抵消伸杆的振动干扰力矩对小卫星本体的耦合影响。由于系统的振动频率会发生微小的变化，本章设计基于陷波滤波器的频率估计方法从小卫星本体的姿态角速度信息中估计卫星本体受到的振动干扰的频率，然后基于此设计扰动抑制滤波器参数的自适应调节机制，实时调整扰动抑制滤波器的参数，从而提高扰动抑制滤波器对变频干扰的鲁棒性。

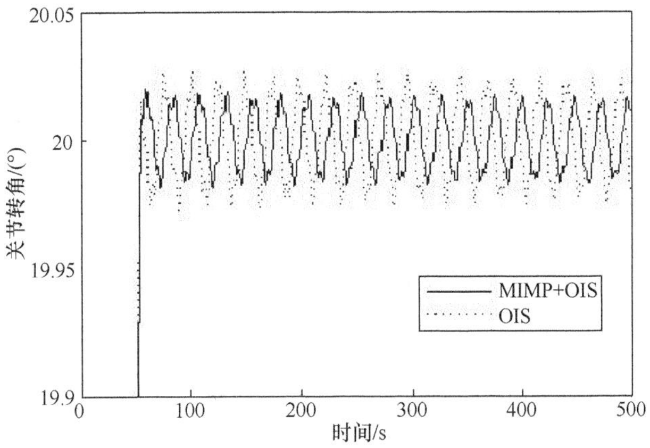

图 7-19　基于 MIMP 和 OIS 控制的关节转角 2

由图 7-20 可以看出，在 MIMP 和 OIS 控制方法的基础上，在卫星本体姿态控制器中引入 ADRF(ADRF+MIMP+OIS)后，卫星本体的姿态控制精度可以得到进一步的提高。

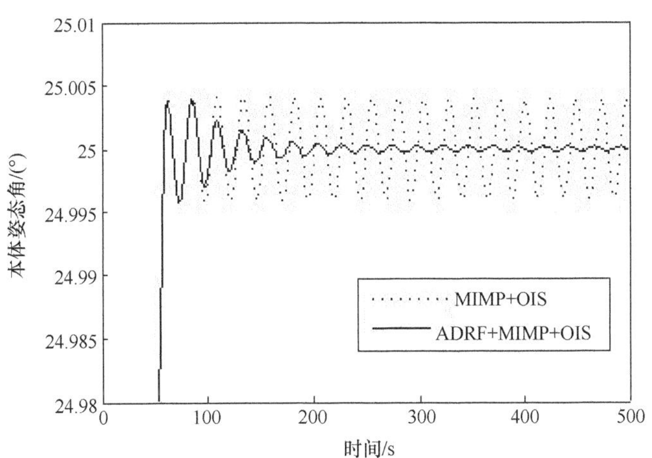

图 7-20　基于复合振动控制方法的本体姿态角

可以看出，本章设计的复合振动控制方法在有效抑制挠性伸杆残余振动的基础上，通过干扰抵消和抑制的控制策略可有效提高此类卫星的姿态控制精度和稳定度。

7.6　小　　结

本章分析了挠性伸杆的振动对小卫星本体姿态控制精度与姿态稳定度

的影响，并针对此问题设计了一种基于伸杆 OIS 结合本体 ADRF 的复合振动控制策略，即采用 OIS 技术抑制挠性伸杆的弹性振动。同时，在卫星本体姿态控制器中设计 ADRF，进一步抵消挠性伸杆残余振动对本体的干扰影响。为了解决卫星姿态机动的振动问题，本章还研究了一种特殊的机动规划方法来降低卫星本体受到的振动干扰影响。最后，基于第 6 章推导的动力学模型对上述复合振动控制方法进行数值仿真。仿真结果表明，本章设计的振动控制方法在使挠性伸杆机构振动得到有效抑制的同时，还可以实现小卫星本体姿态的高精度控制。

第 8 章　基于控制力矩陀螺的振动控制半物理仿真实验研究

8.1　引　　言

半物理仿真实验研究是航天器控制系统设计过程必不可少的环节，也是控制系统性能鉴定与优化设计的有效手段。半物理仿真实验是在数学仿真的基础上，对部分对象采用硬件接入回路的方式，并在地面设备(如仿真计算机等)的协助下，模拟航天器的各种运行状态，达到验证控制系统方案、检验系统实际性能的目的。半物理仿真实验可以降低实验成本，缩短设计周期。因此，为了进一步验证振动控制方法的有效性，本章对带挠性伸杆机构小卫星的振动控制方法进行半物理仿真实验研究。

8.2　基于控制力矩陀螺的半物理实验平台

半物理实验平台如图 8-1 所示，由仿真计算机、金字塔构型 SGCMG、关节电机、挠性伸杆和通用运动及自动化控制器(universal motion and automation controller，UMAC)运动控制系统构成。其中，金字塔构型 SGCMG 的陀螺框架电机采用 Faulhaber 公司的 1524 步进电机；转子电机为 Faulhaber 公司的 1525 直流无刷电机，飞轮的实验转速为 2000 r/min；SGCMG 框架由步进电机通过减速器驱动，实验中通过采集电位计的电压信号获得 SGCMG 的框架角度信息。挠性伸杆的关节电机选用直流无刷伺服控制电机，由计算机通过串口控制，串口通信的波特率为 19200bit/s。

半物理仿真软件包括 VC 和 PMAC Executive Pro2。VC6.0 用来解算带挠性伸杆小卫星的耦合动力学模型、本体姿态控制律、挠性附件控制律，以及 SGCMG 操纵律等数学模型。控制界面图如图 8-2 所示。

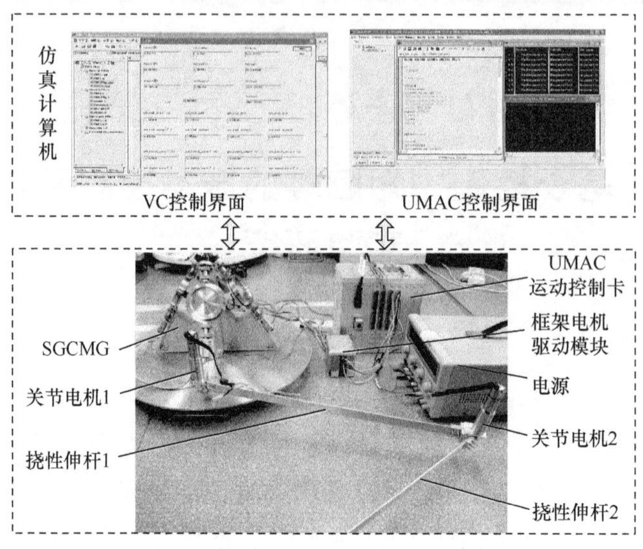

图 8-1　半物理实验平台

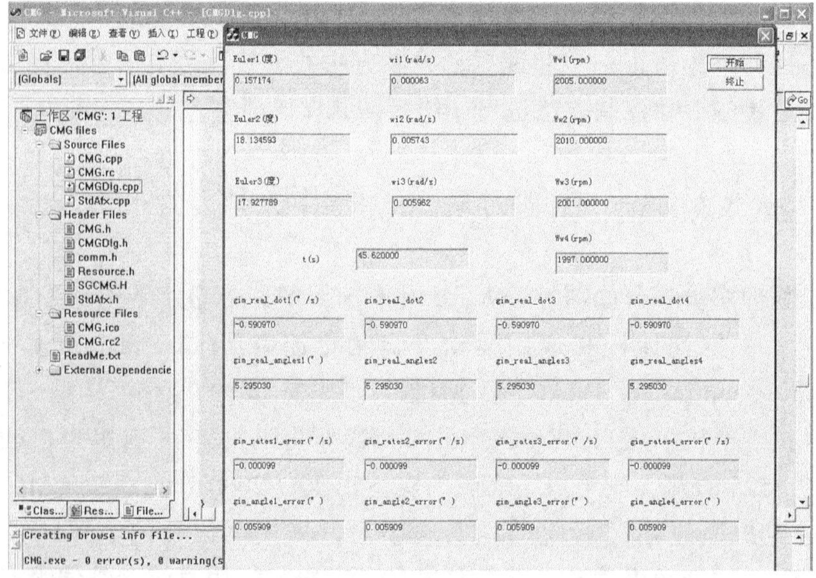

图 8-2　控制界面图

半物理仿真结构图如图 8-3 所示。耦合动力学模型、本体姿态控制律、SGCMG 操纵律、挠性伸杆机构的控制律等用相应的数学模型代替，金字塔构型控制力矩陀螺和挠性伸杆则用实物代替。

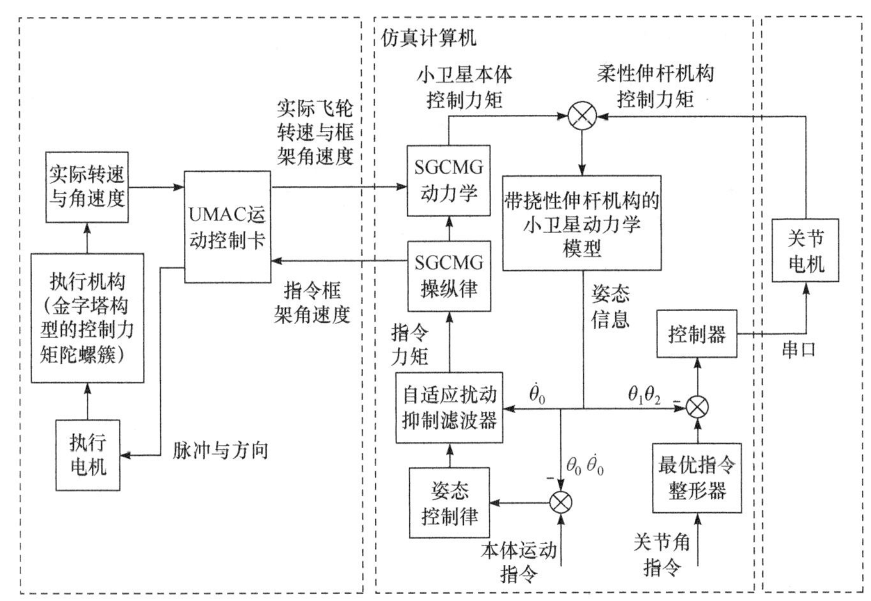

图 8-3　半物理仿真结构图

半物理仿真实验时，计算机根据小卫星的运动指令通过数值解算得到需要的指令框架角速度与关节角度，然后通过网口将框架运动指令发送给 UMAC 实时运动控制系统。UMAC 接收到指令后运行相应的步进电机控制 PLC 程序，驱动 SGCMG 的框架电机，且计算机通过串口将相应的关节转角指令发送给关节电机。关节电机带动挠性伸杆完成转动指令。同时，将控制力矩陀螺簇的框架角、伸杆关节电机转角信息实时采集反馈给计算机，从而构成整个半物理仿真系统。电机控制框图如图 8-4 所示。

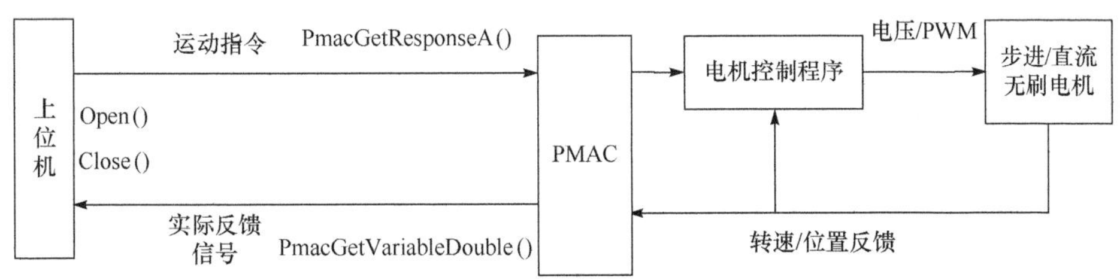

图 8-4　电机控制框图

UMAC 是开放式多轴运动控制器，它的核心是 PMAC(program multiple axis controller)运动控制卡。PMAC 以强大的 DSP 计算功能为基础，能完成运动轨迹控制、插补运算、定时控制和 PLC 时序控制等功能，被广泛应用于数控系统和机器人控制系统等领域。PLC 程序不考虑运动程序的状态，在微处理器中进行重复、快速地周期计算。PLC 程序可实现的功能包括监视输入、改变增益、监视卡的状态、执行命令和发送消息等。

仿真计算机和 UMAC 运动控制卡的通信通过网线实现。PComm32 通信驱动程序作为上层应用程序与 PMAC 之间通信的桥梁，它是一个非常有效的开发工具，几乎涵盖所有与 PMAC 卡的通信方法，且与开发软件有很好的兼容性。PComm32 通信驱动程序主要由 PMAC.DLL、PMAC.SYS、PMAC.VXD 三个文件组成。它们之间的关系如图 8-5 所示。

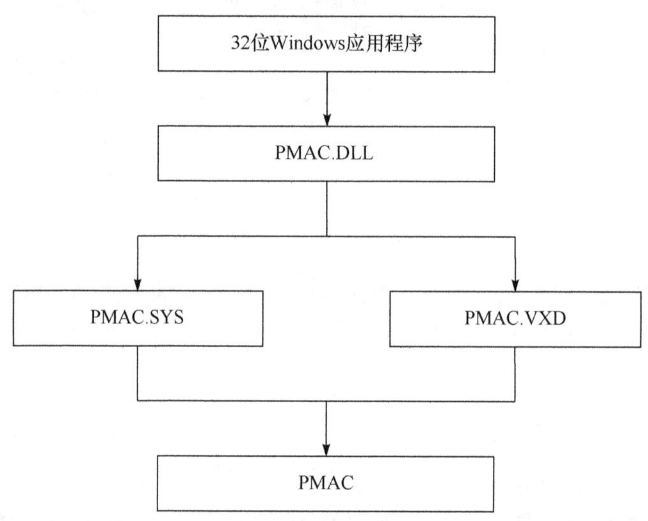

图 8-5　Windows 程序与 PMAC 通信关系图

调用动态链接库有两种方法。

① 动态链接，又称显示链接。这种链接方式通过调用 API 加载动态链接库。LoadLibrary()是加载动态库，GetProcAddress()是取得相应行数地址，FreeLibrary()是卸载动态库。这三个函数是配合使用的。

② 静态链接，又称隐式链接。这种链接方式在代码中可不用语句来指示系统应用程序要加载哪些动态链接库。其静态链接声明是放在工程属性中的，只需要输入其动态链接相应的导入库文件(PComm32.lib)，就可以在程序的任何地方像调用普通函数一样调用该动态链接库中存在的函数。

实验主要用到如下 PComm32 动态链接库函数。

① BOOL OpenPmacDevice(DWORD dwDevice)。这个函数为应用程序

使用 PMAC 打开了一个通道。应用的前提是已经安装调试好动态链接库，并且 PMAC 已经在这个操作环境下注册完毕，能够有效寻址。其中，参数 dwDevice 为希望打开的设备号，一般为 0，返回值为 TRUE 表示连接成功。

② BOOL ClosePmacDevice(DWORD dwDevice)。当程序运行完毕，必须关闭打开的通道。参数及返回值意义与 OpenPmacDevice()一致，并且必须与 OpenPmacDevice()配对使用。

③ long PmacGetResponseA(DWORD dwDevice, PCHAR response, UINT maxchar, PCHAR command)。发送一个字符串(如“enable PLC”等)给 PMAC，并从缓冲区得到 PMAC 的反馈。

④ double PmacGetVariableDouble(DWORD dwDevice, char ch, UINT num, double def)。接收 PMAC 中 I、M、P 或 Q 等变量存储的数据，即将所需数据从 PMAC 传回给上位机。

控制力矩陀螺的框架通过步进电机和减速器驱动。步进电机最大的特点是通过输入脉冲信号进行控制，即电机的总转动角度由输入脉冲数决定，而电机的转速由脉冲信号频率决定。减速器的减速比为 $N=900$，步进电机的步进角为 $\theta=15°$/步，经过减速器之后为 0.017°/步，步进电机的定位精度为 ±10%/步。假设需要步进电机经减速器之后转动角度为 φ，则步进电机应走步数为

$$k=(\varphi\times N/360)\times(360/\theta)=(\varphi\times N)/\theta$$

若 $\varphi=30°$，则 $k=(30\times 900)/15=1800$，即步进电机走 1800 步可使电机转动 30°。若要求在时间 t 内完成该度数的转动，则所需频率为

$$f=k/t$$

在实验过程中，可通过上位机与 PMAC 之间的通信直接将上位机仿真得到的框架角速度传送到 PMAC。通过 PMAC 内部变量 I、M 的设置及相关程序将速度转化为相应频率的脉冲信号，由相应的输出端口传给驱动器，驱动步进电机正常工作。

关节电机选用 Faulhaber 公司的 2232S024BX4CSD 直流无刷伺服电机，它自带数字信号处理器和驱动器。串口与驱动器连接图如图 8-6 所示。

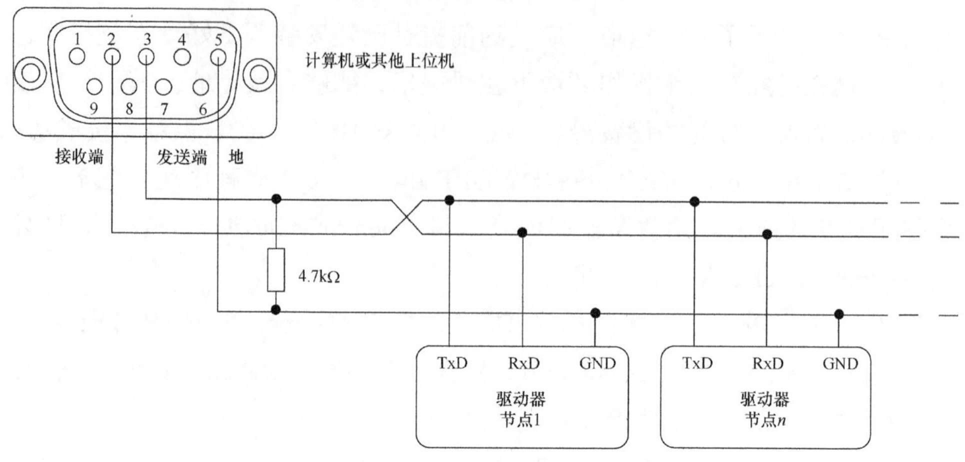

图 8-6　串口与驱动器连接图

一个串口可以控制多个驱动器，但各驱动器需分配唯一的节点地址且范围不得超过 255。直流无刷电机内部驱动器如图 8-7 所示。

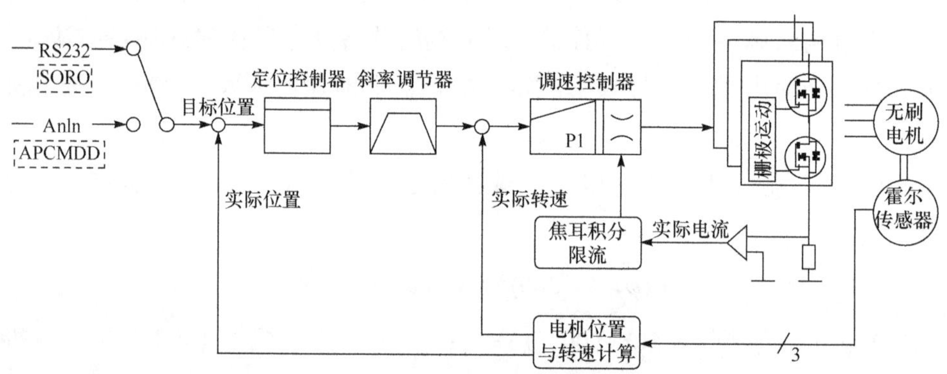

图 8-7　直流无刷电机内部驱动器

实验时，计算机根据运动指令计算关节转角指令，然后调用串口通信将关节转角指令实时发送给直流无刷电机，并通过向直流无刷电机发送数据采集指令得到关节电机当前的速度和位置。无刷电机采用线性霍尔传感器进行位置反馈，定位精度可达 1/3000rad。

8.3　小卫星振动控制的半物理仿真实验研究

半物理仿真实验研究是对控制系统性能的鉴定与优化设计的必要手段，所以为了验证本章设计的振动控制方法的有效性，本节对基于 CMG

的小卫星振动控制进行半物理仿真实验。根据复合振动控制思路，采用最优指令整形器抑制挠性伸杆的弹性振动，同时在本体姿态控制器中设计 ADRF 进一步抵消挠性伸杆的残余振动对本体姿态的耦合影响。因此，下面先对最优指令整形器的有效性进行验证，然后对本章设计的复合振动控制方法进行半物理仿真实验验证。

8.3.1　最优指令整形器的实验验证

IS 技术将脉冲序列与一定的期望输入做卷积，合成的指令作为输入来控制系统运动。其中，脉冲序列与系统的振动频率，以及阻尼有关，每一待抑制的振动模态对应一组脉冲序列。IS 是一种简单有效的前馈控制技术，非常适合用来抑制挠性结构的残余振动。为了证明最优指令整形器的有效性，实验系统(图 8-8)由计算机、电机、挠性杆、力矩传感器和底座构成。在实验中，电机带动挠性杆转动一定的角度，而力矩传感器将挠性伸杆的振动对底座的干扰情况实时采集到计算机中。

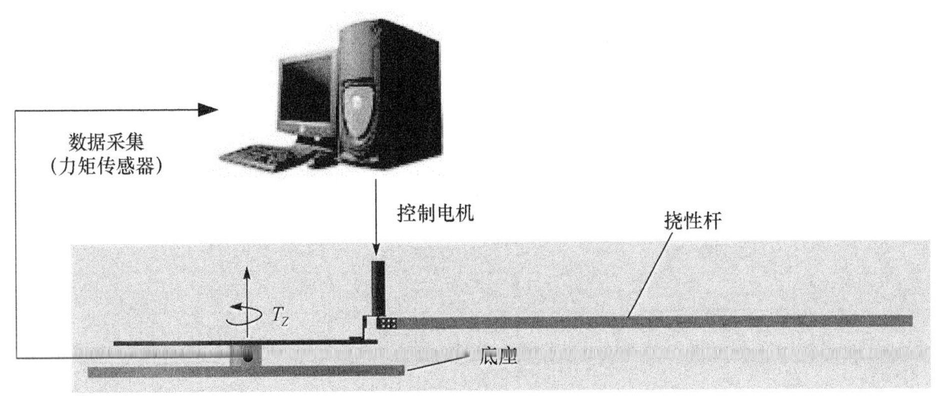

图 8-8　OIS 技术验证系统

关节电机控制图如图 8-9 所示。期望转角 θ_c 为在 6s 内转动 20°。实验主要分为两组。第一组不采用最优指令整形器，即只对电机进行简单的 PD 反馈控制。第二组使用最优指令整形器(OIS+PD)，并且取不同的时滞时间，观察不同时滞对系统的振动抑制效果的影响。

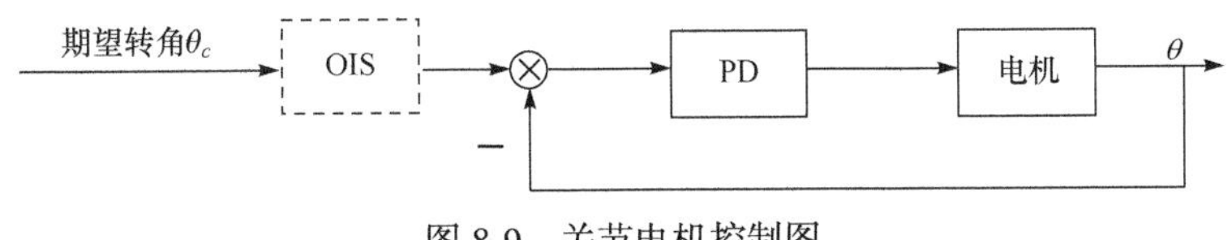

图 8-9　关节电机控制图

图 8-10～图 8-13 所示为不同控制方法时力矩传感器采集得到的 Z 轴方向的力矩 T_Z。由于力矩传感器的采集程序和电机的运动控制程序不便同时开始，只能通过手动方式逐个对其进行开启，因此采集得到伸杆的振动对底座干扰的开始时刻不严格一致，但这不影响对实验结果的观察与分析。

如图 8-10 所示，挠性杆的振动周期约为1.6s，且其振动幅值较大。在此基础上采用 OIS 后，挠性杆的残余振动可以得到一定的抑制。

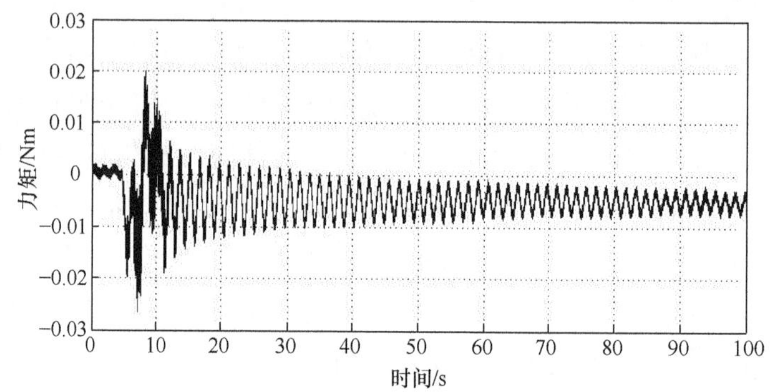

图 8-10　PD 控制时的振动干扰力矩

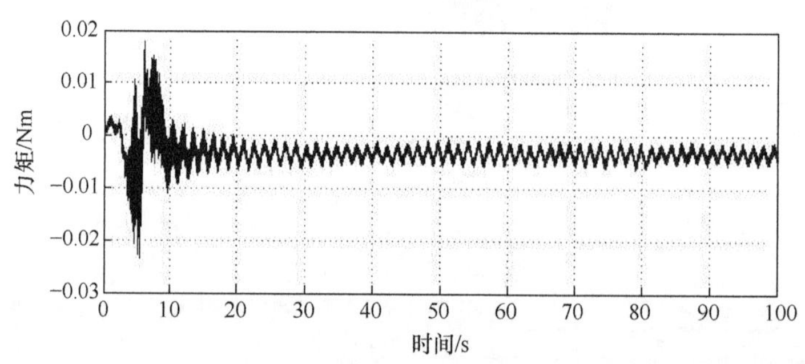

图 8-11　PD+OIS 控制时的振动干扰力矩 1(时滞 $T=0.5$s)

图 8-12 和图 8-13 分别是在 PD 控制的基础上采用时滞为 $T=0.6$s 和 $T=1$s 的最优指令整形器后力矩传感器采集得到的挠性杆的振动对基座的作用力矩。可以看出，不同的时滞时间导致的抑制效果也是不同的。当取时滞为 $T=0.6$s 时，抑振效果最好，因此在实际应用最优指令整形器时要通过数值仿真和实验确定具体的时滞 T。时滞 T 的选择标准是既可以实现较好的振动抑制效果，又要尽可能小地引入时滞。

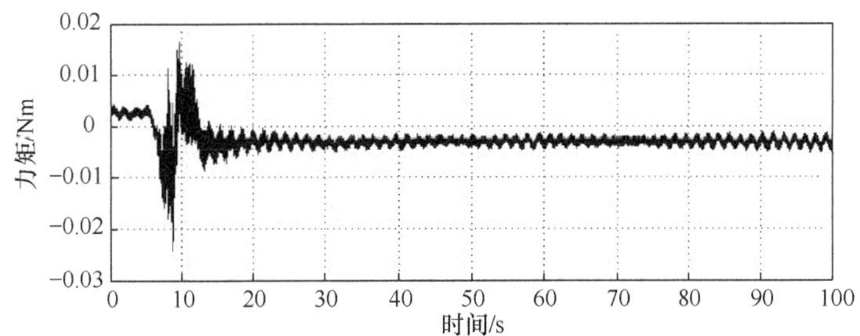

图 8-12　PD+OIS 控制时的振动干扰力矩 2(时滞 $T=0.6\text{s}$)

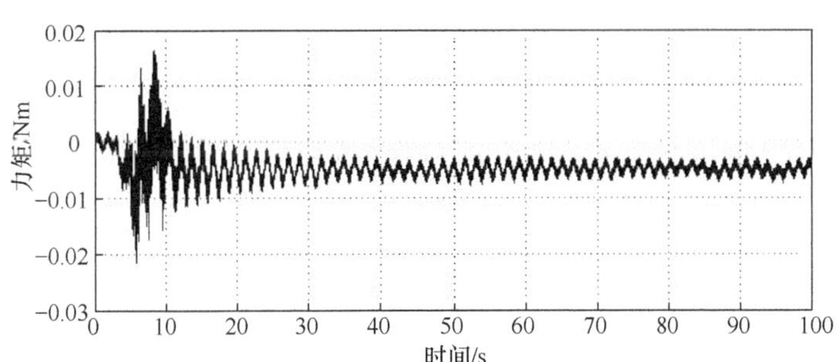

图 8-13　PD+OIS 控制时的振动干扰力矩 3(时滞 $T=1\text{s}$)

8.3.2　复合振动控制方法的半物理实验

本节主要对基于伸杆 OIS 和本体 ADRF 的复合振动控制策略进行半物理实验验证，即将本体的机动角度设置为零，使小卫星本体维持原姿态稳定状态。

具体仿真实验条件如下。

① 实验平台参数初始条件：金字塔塔面倾角 $\beta=54.73°$，初始框架角、框架角速度均为零，飞轮转动惯量 $J_w=2.17\times10^{-4}\text{kg}\cdot\text{m}^2$；挠性伸杆的参数：长度 $L=0.5\text{m}$，线密度 $\rho=0.675\text{kg}/\text{m}$，$EI=35.94\text{kg}\cdot\text{m}^2$。

② 挠性伸杆 1 和挠性伸杆 2 的期望关节转角分别为 50s 内转动 20°，本体维持姿态稳定状态。

③ 最优指令整形器的时滞设计：$T=6\text{s}$。

关节电机 1 的 PD 控制器参数设计：$K_{P1}=18$，$K_{D1}=0.8$；关节电机 2 的 PD 控制器参数设计：$K_{P2}=13$，$K_{D2}=0.8$。

④ 小卫星本体输出反馈控制器的参数设计：$K_P=52$，$K_D=26$。

为了便于观察振动控制方法的实验结果，本节比较三种控制方法的实验结果，即常规控制方法(PD)、仅采用 OIS 的控制方法(OIS+PD)，以及在

OIS 的基础上使用 ADRF 的控制方法(ADRF+OIS+PD)。

实验结果如图 8-14～图 8-20 所示。图 8-14 和图 8-15 是关节转角 1 和关节转角 2 在三种不同控制方法的实验结果对比。可以看出，在只对伸杆的运动使用 PD 反馈控制时，挠性伸杆的振动较大，导致关节转角 1 和关节转角 2 的控制精度不够高，分别只有 0.06° 和 0.045° 。在原 PD 控制的基础上，通过对关节的转动指令进行 OIS 后，关节转动指令中引起挠性伸杆的频率成分得到一定的滤除，使伸杆的振动得到大幅的抑制，所以关节转角 1 和关节转角 2 的控制精度也得到了提高，分别达到 0.008° 和 0.007° 。

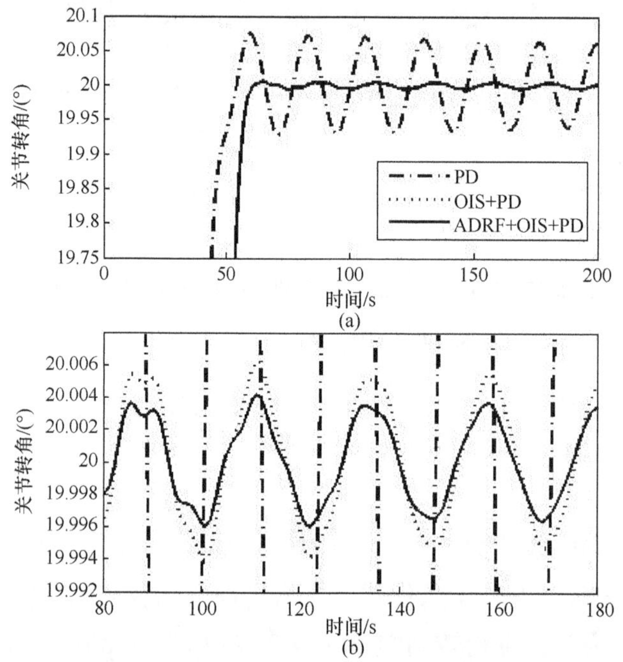

图 8-14　关节转角 1 比较(半物理仿真实验结果)

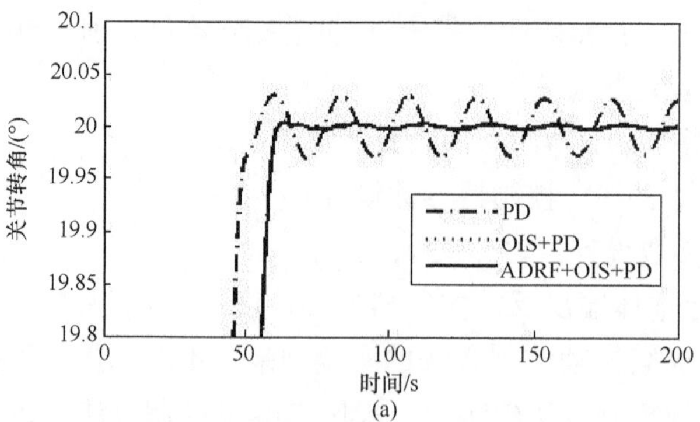

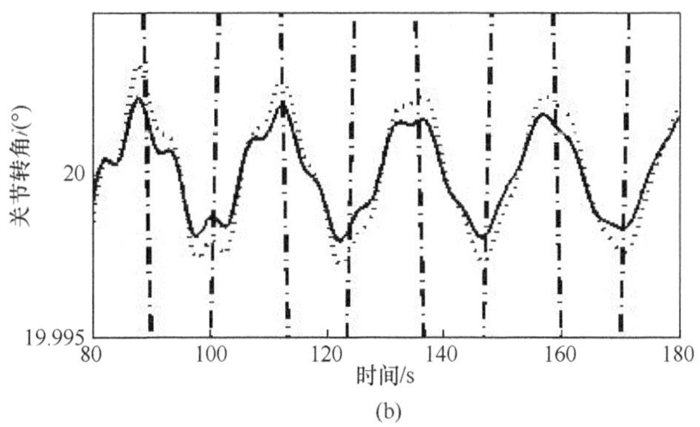

图 8-15　关节转角 2 比较(半物理仿真实验结果)

如图 8-16 所示，带挠性伸杆小卫星本体在整个系统只使用 PD 控制时，挠性伸杆较大的振动耦合影响小卫星本体，其稳态时的姿态控制精度只有 0.03°。当对关节的转动指令进行 OIS 后，由于伸杆的振动得到大幅的抑制，伸杆的振动对小卫星本体姿态的耦合影响也减小了许多，使小卫星本体的姿态控制精度提高到 0.005°。

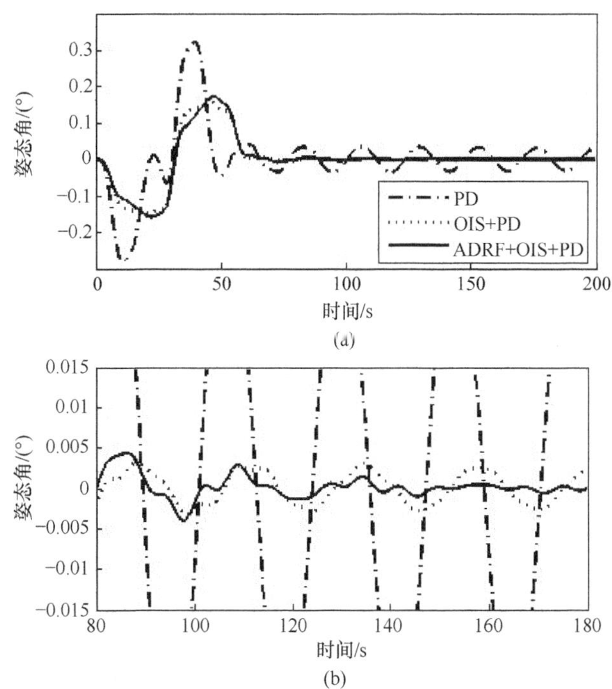

图 8-16　本体姿态角比较(半物理仿真实验结果)

为了进一步减小挠性伸杆的残余振动对小卫星本体姿态的耦合影响，

在小卫星姿态控制器中引入 ADRF。ADRF 根据振动干扰的频率将 PD 控制器输出的控制信号滤波后形成新的控制信号。此控制信号经控制力矩陀螺动力学解算后得到相应的框架角速度指令，继而使控制力矩陀螺产生陀螺力矩，抵消伸杆残余振动对小卫星本体姿态的干扰影响。此时，小卫星本体的姿态稳定控制精度达到 0.001°(120s 后)。关节转角 1 和关节转角 2 的控制精度也略微提高，如图 8-14(b)和图 8-15(b)所示。

为了便于观测实验结果，表 8-1 列出了三种不同控制方法下带挠性伸杆机构小卫星的本体和关节转角的控制精度。

表 8-1 振动抑制效果比较

实验项目	PD/(°)	OIS+PD/(°)	ADRF+OIS+PD/(°)
关节转角 1	0.06	0.008	0.007
关节转角 2	0.045	0.007	0.006
卫星本体	0.03	0.005	0.001

半物理仿真实验比数值仿真具有更高的可信度，因为在半物理仿真实验中各种实际存在的误差和干扰都会影响控制结果。如图 8-17 所示，卫星本体姿态控制精度的实验结果与数值仿真的结果基本是一致的，但仿真结果较半物理仿真实验结果更为理想。这主要是因为数字仿真中没有考虑高阶未建模误差、框架角的反馈误差，以及其他建模误差等因素的影响。

扰动抑制滤波器对变频干扰的鲁棒性较差，因此本章设计了基于陷波滤波器的频率估计算法。振动干扰频率估计(图 8-18)用于实时地调整扰动抑制滤波器的参数，可以提高扰动抑制滤波器对变频干扰的鲁棒性。

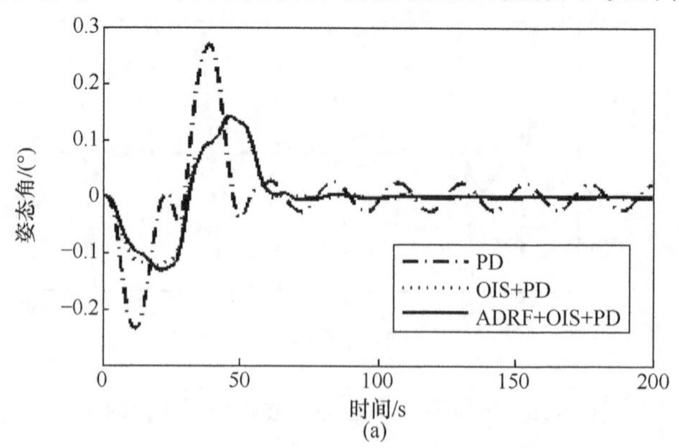

(a)

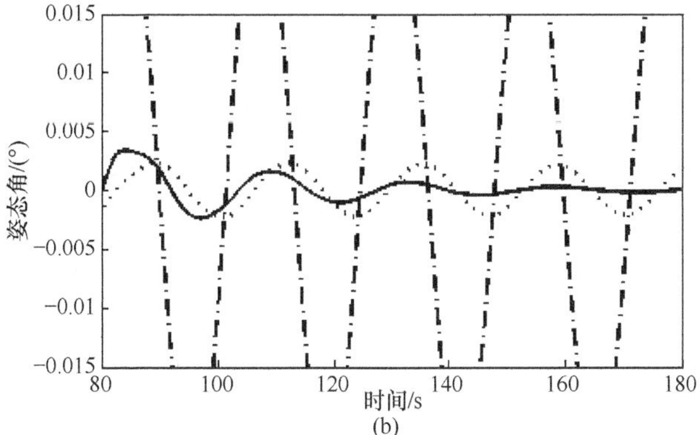

(b)

图 8-17　本体姿态角比较(数值仿真结果)

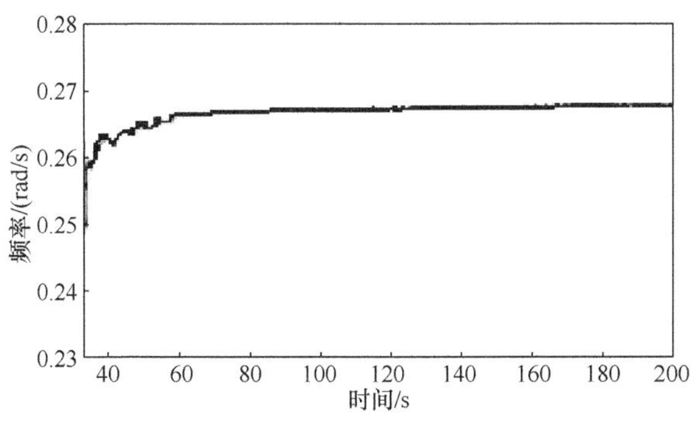

图 8-18　振动干扰频率估计

本体控制力矩比较如图 8-19 所示。可以看出，与常规控制方法相比，振动抑制状态下的控制力矩幅值波动明显降低。

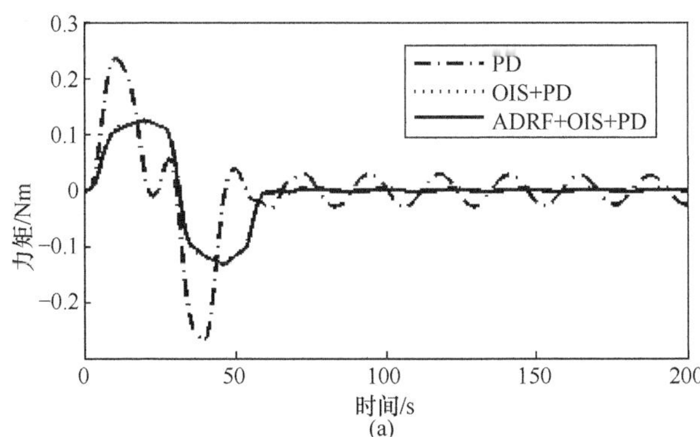

(a)

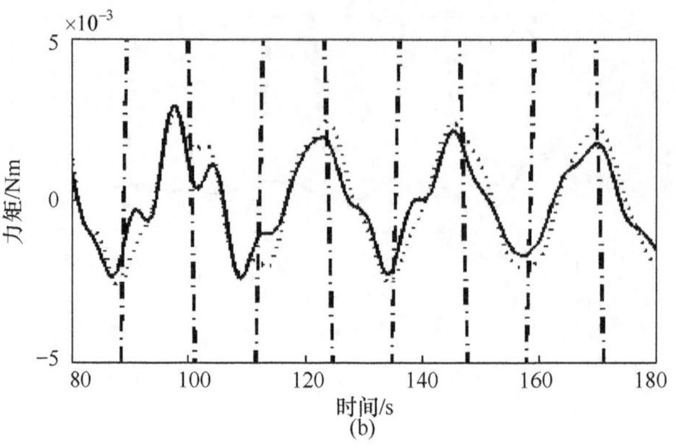

图 8-19　本体控制力矩比较

实际框架角度比较如图 8-20 所示。可以看出，本章控制方法的框架角变化更为平稳，突变情况得到了改善，很好地解决了因陀螺框架抖动带来的干扰问题。

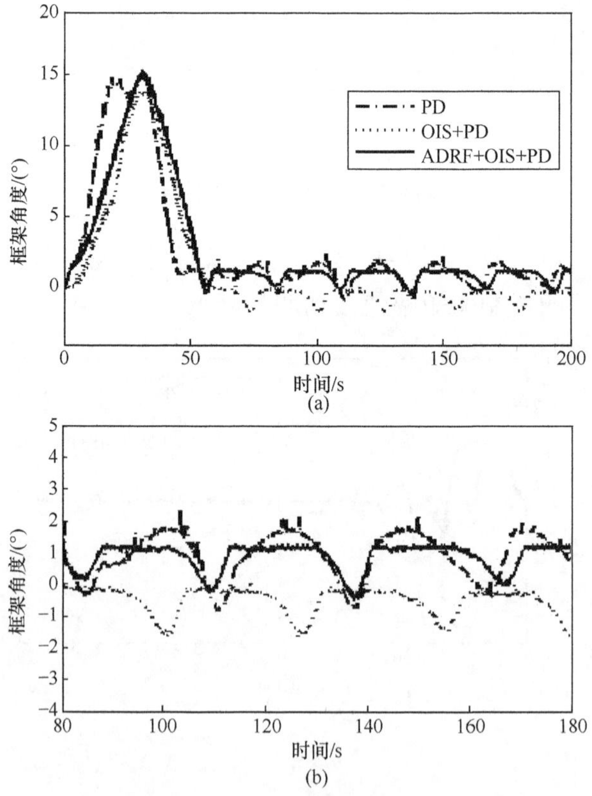

图 8-20　实际框架角度比较

半物理实验结果表明，本章控制方法在有效抑制挠性伸杆机构残余振动的同时，可以实现对本体姿态的高精度控制。

8.4 小　结

本章首先对带挠性伸杆机构小卫星的半物理仿真实验平台的基本组成结构和半物理仿真实验方式进行介绍，然后在半物理仿真实验平台上对本章设计的 OIS 技术、复合振动控制方法进行实验验证。实验结果也验证了该振动控制方法的有效性。

参考文献

[1] 马兴瑞，于登云，孙京，等. 空间飞行器展开与驱动机构研究进展. 宇航学报，2006, 27(6): 1123-1131

[2] 赵国伟，杜杉杉，卫巍. 伸展机构技术的空间应用与发展趋势//第七届中日机械技术史及机械设计国际学术会议. 北京, 2008: 330-335

[3] Auslander D, Cermenska J, Dalton G, et al. Instrument boom mechanisms on the THEMIS satellites; magnetometer, radial wire, and axial booms. Space Science Reviews, 2008, 141(4): 185-211

[4] Pankow D, Besuner R, Wilkes R, et al. Deployment mechanisms on the fast satellite: magnetometer, radial wire, and axial booms. Space Science Reviews, 2001, 98(2): 93-111

[5] 从强. ERM 及其在卫星天线展开机构上的应用. 航天器工程, 1996, 5(1): 105-109

[6] 戈冬明，陈务军，付功义，等. 盘绕式空间可展折叠无铰伸展臂的屈曲分析理论研究. 计算力学学报, 2007, 24(5): 615-619

[7] 谢铁华. 空间索杆式展开结构的动力学分析及组合式膜结构的整体分析研究. 浙江：浙江大学, 2004

[8] Hachkowski M R, Peterson L D. A comparative history of the precision of deployable spacecraft structures. America: University of Colorado, 1995

[9] Foster C L, Tinker M L, Nurre G S, et al. Solar-array-induced disturbance of the hubble space telescope pointing system. Spacecraft and Rockets, 1995, 32(4): 634-644

[10] Pellegrino S. Large retractable appendages in spacecraft. Spacecraft and Rockets, 1995, 32(6): 1006-1014

[11] Herbeck L, Eiden M, Leipold M, et al. Development and test of deployable ultra-lightweight CFRP booms for a solar sail//European Conference on Spacecraft Structures, Materials and Mechanical Testing. Noordwijk, 2000: 1-6

[12] Sickinger C, Herbeck L. Deployment strategies, analyses and tests for the CFRP booms of a solar sail//European Conference on Spacecraft Structures, Materials and Mechanical Testing. Toulouse, 2002: 215-225

[13] Sickinger C, Herbeck L, Strohlein T. Lightweight deployable booms: design, manufacture, verification, and smart materials application//The 55th International Astronautical Congress. Vancouver, 2004: 1004-1008

[14] Leipold M, Runge H, Sickinger C. Large SAR membrane antennas with lightweight deployable booms//The 28th ESA Antenna Workshop on Space Antenna Systems and Technologies. Netherland, 2005: 1001-1008

[15] Fernandeza J M, Lappasa V L, Daton-Lovettb A J. Completely stripped solar sail concept using bi-stable reeled composite booms. Acta Astronautica, 2010, 69(2): 78-85

[16] Roybal F A, Banik J A, Murphey T W. Development of an elastically deployable boom for tensioned planar structures//The 48th AIAA/ASME/ASCE/AHS/ASC Structures, Structural Dynamics, and Materials Conference. Honolulu, 2007: 1838-1852

[17] Thomas G M. Prototype development and dynamic characterization of deployable cubesat booms. Orlando: Technology Air University, 2010

[18] Puig L, Rando N. A review on large deployable structures for astrophysics missions. Acta Astronautica, 2010, 67(2): 12-26

[19] 楚中毅,雷宜安,李丹, 等. 一种探测载荷支撑用伸缩式空间伸杆机构. 中国发明专利, CN201110286733. 2

[20] Yao R, Tang X, Wang J, et al. Dimensional optimization design of the four-cable-driven parallel manipulator in FAST. IEEE/ASME Transactions on Mechatronics, 2010, 15(6): 932-941

[21] Jiang H Z, Tong Z Z, He J F. Dynamic isotropic design of a class of gough-stewart parallel manipulators lying on a circular hyperboloid of one sheet. Mechanism and Machine Theory, 2011, 46(3): 358-374

[22] Sickinger C, Herbeck L, Breitbach E. Structural engineering on deployable CFRP booms for a solar propelled sailcraft. Acta Astronautica, 2006, 58(4): 185-196

[23] Block J, Straubel M, Wiedemann M. Ultralight deployable booms for solar sails and other large gossamer structures in space. Acta Astronautica, 2010, 68(8): 984-992

[24] Li R X, Chen W J, Fu G Y. Experimental and stowing/deploying dynamical simulation of lenticular carbon fiber reinforced polymer thin-walled tubular space boom. Shanghai Jiaotong University(Science), 2012, 17(1): 58-64

[25] 李瑞雄, 陈务军, 付功义, 等. 透镜式缠绕肋压扁缠绕过程数值模拟分析. 宇航学报, 2011, 32(1): 224-231

[26] 李瑞雄, 陈务军, 付功义, 等. 透镜式缠绕肋压扁缠绕过程数值模拟及参数研究. 工程力学, 2011, 28(11): 244-250

[27] 丁峻宏, 咸奎成, 韩轩, 等. 空间豆荚标杆机构收展过程的并行计算仿真计算. 宇航学报, 2011, 32(3): 676-682

[28] 韩轩, 丁峻宏, 邓雪滨, 等. 空间展开机构的静动态模拟计算分析. 高性能计算发展与应用, 2010, 2(1): 41-43

[29] Feng C M, Liu T S. A graph-theory approach to designing deployable mechanism of reflector antenna. Acta Astronautica, 2013, 87(1): 40-47

[30] Qi X Z, Deng Z Q, Li B. Design and optimization of large deployable mechanism constructed by myard linkages. CEAS Space Journal, 2013, 5(3): 147-155

[31] Hoffait S, Bruls O, Granville D. Dynamic analysis of the self-locking phenomenon in tape-spring hinges. Acta Astronautica, 2010, 66(8): 1125-1132

[32] Soykasap Ö. Analysis of tape spring hinges. International Journal of Mechanical Sciences, 2007, 49(7): 853-860

[33] Soykasap Ö. Deployment analysis of a self-deployable composite boom. Composite Structures, 2008, 89(3): 374-381

[34] Guest S D, Pellegrino S. Analytical models for bistable cylindrical shells. The Royal Society, 2006, 462(2067): 839-854

[35] 王俊, 关富玲, 周志钢. 空间可展结构卷尺铰链的设计与分析. 宇航学报, 2007, 28(3): 720-726

[36] Mallikarachchi H M Y C, Pellegrino S. Quasi-static folding and deployment of ultrathin composite tape-spring hinges. Journal of Spacecraft and Rockets, 2011, 48(1): 187-198

[37] Silver M. Buckling of curved shells with free edges under multi-axis loading. Denver: University of Colorado, 2005

[38] Rehnmark F, Pryor M, Carrington C, et al. Development of a deployable nonmetallic boom for reconfigurable systems of small spacecraft//The 48th AIAA/ASME/ASCE/AHS/ASC Structural Dynamics & Materials Conference. Honolulu, 2007: 2184-2203

[39] Yu Y, Luo Y Z. Motion analysis of deployable structures based on the rod hinge element by the finite particle method. Aerospace Engineering, 2009, 223(7): 955-964

[40] Singh S N, de Araujo D. Adaptive control and stabilization of elastic spacecraft. IEEE Transactions on Aerospace and Electronic Systems, 2005, 38(1): 334-341

[41] Singh S N, Zhang R. Adaptive output feedback control of spacecraft with flexible appendages by modeling error compensation. Acta Astronautica, 2007, 54(4): 229-243

[42] 刘敏，徐世杰，韩潮．挠性航天器的退步直接自适应姿态跟踪控制．航空学报，2012, 33(9): 1697-1705

[43] 张立尧，焦晓红．挠性航天器姿态机动和主动振动抑制控制．四川兵工学报，2012, 33(1): 4-9

[44] 刘军，韩潮．基于单神经元的卫星姿态自适应 PID 控制．计算机仿真，2006, 23(3): 45-48

[45] Subbarao K, Verma A, Junkins J L. Structured adaptive model inversion applied to tracking spacecraft maneuvers//AAS/AIAA Space Flight Mechanics Meeting. Florida, 2000, AAS00-202

[46] Maganti G B, Singh S N. Simplified adaptive control of an orbiting flexible spacecraft. Acta Astronautica, 2008, 61(7): 575-589

[47] 唐超颖，王彪．基于在线神经网络的自适应控制器的设计与应用．华南理工大学学报，2008, 34(6): 34-38

[48] 吴宏鑫．全系数自适应理论及其应用．北京：国防工业出版社, 1990

[49] Utkin I. Variable structure systems with sliding modes. IEEE Trans Autom Control, 1977, 22(2): 212-222

[50] Ibrahim E S，Tobal A M，Mohammad A. Satellite attitude maneuver using sliding mode control under body angular velocity constraints. International Journal of Computer Application, 2012, 50(13): 41- 46

[51] Slotine J, Coetsee J A. Adaptive sliding controller synthesis for non-linear systems. International Journal of Control, 1996, 43(6): 1631-1651

[52] Tunay I, Kaynak O. A new variable structure controller for affine nonlinear systems with non-matching uncertainties. Journal of Guidance Control and Dynamics, 1995, 62(4): 917-939

[53] Vadali S R. Variable structure control of spacecraft large attitude maneuvers. Journal of Guidance Control and Dynamics, 1996, 19(3): 235-239

[54] Singh T, Golnarag M F, Dubly R N. Sliding mode/shaped input control of flexible /rigid

link robots. Journal of Sound and Vibration, 1994, 17(2): 185-200

[55] Zeng Y, Araujo A D, Singh S N. Output feedback variable structure adaptive control of a flexible spacecraft. Acta Astronautica, 2010, 44(1): 11-22

[56] Matthew A, Franco B Z, Riccardo S. Sliding mode control of a large flexible space structure. Control Engineering and Practice, 2000, 8(8): 861-871

[57] Guan P, Liu X J, Liu J Z. Adaptive fuzzy sliding mode control for flexible satellite. Engineering Application of Artificial Intelligence, 2005, 18(5): 451-459

[58] Ge S S, Lee T H, Zhu G, et al. Variable structure control of a distributed parameter flexible beam. Journal of Robotic Systems, 2010, 18(1): 17-27

[59] Wie B, Warren K W. New approach to attitude momentum control for the space station. Journal of Guidance Control and Dynamics, 1989, 12(5): 714-722

[60] Wie B, Liu Q, Frank B. Classical and robust H_∞ control redesign for the hubble space telescope. Journal of Guidance Control and Dynamics, 1993, 16(6): 546-557

[61] Tanaka T, Kida T, Nagashio T. Switching maneuver of flexible spacecraft based on H-infinity control using CMG//Proceedings of the 16th Space Engineering Conference. Tokyo, 2007: 19-24

[62] 张龙，段广仁. 挠性航天器的鲁棒多目标姿态控制器设计. 宇航学报，2011，32(11): 2326-2332

[63] Malekzadeh M, Naghash A, Talebi H A. Robust attitude and vibration control of a nonlinear flexible spacecraft. Asian Journal of Control, 2012, 14(2): 553-563

[64] Knapp R G. Fuzzy based attitude controller for flexible spacecraft with on-off thruter. Cambridge: MIT, 1993

[65] Nam A K, Zhang R W. Fuzzy multi-variable control for attitude stabilization of flexible spacecraft//IEEE International Conference Processing Systems. Beijing, 1997: 257-261

[66] Yu T, Daniel V D. Robust fuzzy control of mechanical systems. IEEE Transactions on Fuzzy Systems, 2003, 11(3): 411-415

[67] Park J O, Yong D. An attitude control flexible spacecraft using fuzzy-PID controller. Communications and Computer Sciences, 2009, 92(4): 1237-1241

[68] Wie B, Gonzalez M. Control synthesis for flexible space structures excited by persistent disturbances. Journal of Guidance Control and Dynamics, 1992, 15(1): 73-80

[69] Nurre G S, Sharkey J P, Nelson J D, et al. Preservicing mission: on-orbit modifications to Hubble space telescope pointing control system. Journal of Guidance Control and Dynamics, 1995, 18(2): 222-229

[70] Heiberg C J, Bailey D, Wie B. Precision spacecraft pointing using single-gimbal control moment gyroscopes with disturbance. Journal of Guidance Control and Dynamics, 2000, 23(1): 1184-1196

[71] Wie B. Experimental demonstration of a classical approach to flexible structure control. Journal of Guidance Control and Dynamics, 1992, 15(6): 1327-1333

[72] Jimmy L, Sanjay S J, Nagrawal B, et al. Investigation of periodic-disturbance identification and rejection in spacecraft. Journal of Guidance Control and Dynamics, 2008, 29(4):

1324-1338

[73] 雷静, 周凤岐, 周军, 等. 航天器活动部件的干扰辨识与抑制. 火力与指挥控制, 2009, 34(11): 175-179

[74] Singer N, Seering W. Preshaping command inputs to reduce system vibration. Transactions of the ASME Journal of Dynamic Systems Measurement and Control, 1998, 11(2): 76-82

[75] Singhose W E, Derezinski S, Singer N. Extra-insensitive input shapers for controlling flexible spacecraft. Journal of Guidance Control and Dynamics, 1996, 19(2): 385-391

[76] Pao L Y, Singhose W E. On the equivalence of minimum time input shaping with traditional time-optimal control//Proceedings of IEEE International Conference on Control Applications. New York, 1995: 1120-1125

[77] Pao L Y, Singhose W E. Unity-magnitude i^{5}nput shapers and their relation to time-optimal control//Proceedings of the 1996 IFAC World Congress. San Francisco, 1996: 1-6

[78] Magee D P, Book W J. Optimal filtering to minimize the elastic behavior in serial link manipulators//Proceedings of the ACC. Philadephia, 1998: 2637-2642

[79] Singhose W E, Seering W P, Singer N C. Shaping inputs to reduce vibration: a vector diagram approach//Proceedings of the IEEE International Conference on Rob & Autom. Cincinnati, 1990: 922-927

[80] Tuttle T D, Seering W P. Creating time-optimal commands with practical constraints. Journal of Guidance Control and Dynamics, 1999, 22(2): 241-250

[81] Mark A L, Pao L Y. Comparison of input shaping and time optimal control of flexible structures//Proceedings of American Control Conference. Arlington, 2001: 358-363

[82] Muenchhof M, Singh T. Near minimax robust control of flexible structures//Proceedings of American Control Conference. Denver, 2003: 4-6

[83] Conord T, Singh T. Roubust input shaper design using linear matrix inequalities//Proceedings of the 2006 IEEE International Conference on Control Application. New York, 2006: 1470-1475

[84] Robertson M J, Kozak K, Singhose W E. Computational framework for digital input shapers using linear optimization. Control Theory and Applications, 2006, 153(3): 314-322

[85] Yuan J P, Yang D, Wei H T. Flexible satellite attitude maneuver control using pulse-width pulse-frequency modulated input shaper//Proceedings of 1st International Symposium on Systems and Control in Aerospace and Astronautics. Harbin, 2006: 1407-1412

[86] Tzes A, Yurkovich S. An adaptive input shaping control scheme for vibration suppression in slewing flexible structures. IEEE Transactions on Systems Technology, 1993, 1(2): 114-121

[87] Stergiopoulos J, Tzes A. Adaptive input shaping for nonlinear systems: a case study//Proceedings of the 13th Mediterranean Conference on Control and Automation. Limassol, 2005: 188-193

[88] Khorrami F, Jain S, Tzes A. Adaptive nonlinear control and input preshaping for flexible-link manipulators//Proceedings of American Control Conference. San Francisco, 1993: 2705-2709

[89] Cutfortha C F, Pao L Y. Adaptive input shaping for maneuvering flexible structures. Automatica, 2001, 40(4): 685-693

[90] La-orpacharapan C, Pao L Y. Fast and robust control of systems with multiple flexible modes. IEEE/ASME Transactions on Mechatronis, 2005, 10(5): 521-534

[91] Hu Q L, Ma G F, Shi Z. Integral variable structure input shaping control of flexible spacecraft//Proceedings of 1st International Symposium on System and Control in Aerospace and Astronautics. Harbin, 2006: 1-6

[92] Song W L, Hu Q L, Liu Y. Spacecraft maneuvering using integral variable structure control and input shaping technique//Proceedings of the 6th World Congress on Intelligent Control and Automation. Dalian, 2006: 1924-1928

[93] Hekman K, Singhose W E, Lawrence J. Input shaping with coulomb friction compensation on a solder cell machine//Proceedings of the 2004 American Control Conference. Boston, 2004: 728-733

[94] Fortgang J, Patrangenaru V, Singhose W E. Scheduling of input shaping and transient vibration absorbers for high-rise elevators//Proceedings of the 2006 American Control Conference. Minneapolis, 2006: 1772-1777

[95] Postma R W. Torque loss and stress relaxation in constant torque springs//The 38th Aerospace Mechanisms Symposium. Langley, 2006: 106-120

[96] Hakkak F, Khoddam S. On calculation of preliminary design parameters for lenticular booms. Aerospace Engineering, 2007, 221(3): 377-384

[97] 单辉祖. 材料力学教程. 北京: 高等教育出版社, 2004

[98] Liu G. Decomposition-based friction compensation of mechanical systems. Mechatronics, 2002, 12(5): 755-769

[99] Young W C, Budynas R G. Roark's Formulas for Stress and Stress. New York: McGraw-Hill, 2002: 766

[100] Chu Z Y, Lei Y A. Design theory and dynamic analysis of a deployable boom. Mechanism and Machine Theory, 2014, 71(1): 126-141

[101] 范钦善. 材料力学. 北京: 清华大学出版社, 1993

[102] Lappas V J. A control moment gyro (CMG) based attitude control system (ACS) for Agile small satellites. Guildford: University of Surrey, 2002

[103] Chen Y, Meirovitch L. Control of flexible space robot executing a docking maneuver. Journal of Guidance Control and Dynamics, 1995, 18(4): 756-766

[104] 董明晓, 梅雪松. 时滞滤波器及其工程应用. 北京: 科学出版社, 2008

[105] Mojiri M, Bakhshai A R. Estimation of n frequencies using adaptive notch filter. IEEE Transactions on Circuits and Systems, 2008, 54(4): 1427-1436

[106] Kamiya T, Maeda K, Ogura N. Flexible spacecraft rest-to-rest maneuvers with CMGs parallel gimbal arrangement//Guidance Navigation and Control Conference. Chicago, 2009: 6206

[107] Wiggins S. Introduction to Applied Nonlinear Dynamical Systems and Chaos. New York: Springer, 2003

附　录　A

式(6.38)中的广义质量矩阵M定义为

$$M=\begin{bmatrix} m_{11} & 0 & m_{13} & m_{14} & m_{15} & m_{16} & m_{17} & m_{18} \\ 0 & m_{22} & m_{23} & m_{24} & m_{25} & m_{26} & m_{27} & m_{28} \\ m_{31} & m_{32} & m_{33} & m_{34} & m_{35} & m_{36} & m_{37} & m_{38} \\ m_{41} & m_{42} & m_{43} & m_{44} & m_{45} & m_{46} & m_{47} & m_{48} \\ m_{51} & m_{52} & m_{53} & m_{54} & m_{55} & m_{56} & m_{57} & m_{58} \\ m_{61} & m_{62} & m_{63} & m_{64} & m_{65} & m_{66} & m_{67} & m_{68} \\ m_{71} & m_{72} & m_{73} & m_{74} & m_{75} & m_{76} & m_{77} & m_{78} \\ m_{81} & m_{82} & m_{83} & m_{84} & m_{85} & m_{86} & m_{87} & m_{88} \end{bmatrix}$$

其中

$$m_{11}=m_{22}=m_0+m_1+m_2+m_3$$

$$m_{13}=m_{31}=-(m_1+m_2+m_3)L_0\cos\theta_0$$

$$\begin{aligned} m_{14}=m_{41}=&-[\int_0^{L_1}\rho_1 x_1 \mathrm{d}x_1+(m_2+m_3)L_1]\sin\theta_1-[\int_0^{L_1}\rho_1\varphi_1(x_1)\mathrm{d}x_1 \\ &+(m_2+m_3)\varphi_1(L_1)]\xi_1\cos\theta_1 \end{aligned}$$

$$m_{15}=m_{51}=-(\int_0^{L_2}\rho_2 x_2\mathrm{d}x_2+m_3L_2)\sin\theta_2-(\int_0^{L_2}\rho_2\varphi_2(x_2)\mathrm{d}x_2+m_3\varphi_2(L_2))\xi_2\cos\theta_2$$

$$m_{16}=m_{61}=-\int_0^{L_3}\rho_3 x_3\mathrm{d}x_3\sin\theta_3$$

$$m_{17}=m_{71}=-[\int_0^{L_1}\rho_1\varphi_1(x_1)\mathrm{d}x_1+(m_2+m_3)\varphi_1(L_1)]\sin\theta_1$$

$$m_{18}=m_{81}=-(\int_0^{L_2}\rho_2\varphi_2(x_2)\mathrm{d}x_2+m_3\varphi_2(L_2))\sin\theta_2$$

$$m_{23}=m_{32}=-(m_1+m_2+m_3)L_0\sin\theta_0$$

$$\begin{aligned} m_{24}=m_{42}=&[\int_0^{L_1}\rho_1 x_1\mathrm{d}x_1+(m_2+m_3)L_1]\cos\theta_1 \\ &-[\int_0^{L_1}\rho_1\varphi_1(x_1)\mathrm{d}x_1+(m_2+m_3)\varphi_1(L_1)]\xi_1\sin\theta_1 \end{aligned}$$

$$m_{25}=m_{52}=\left(\int_0^{L_2}\rho_2 x_2\mathrm{d}x_2+m_3L_2\right)\cos\theta_2-\left(\int_0^{L_2}\rho_2\varphi_2(x_2)\mathrm{d}x_2+m_3\varphi_2(L_2)\right)\xi_2\sin\theta_2$$

$$m_{26} = m_{62} = \int_0^{L_3} \rho_3 x_3 \mathrm{d}x_3 \cos\theta_3$$

$$m_{27} = m_{72} = [\int_0^{L_1} \rho_1 \varphi_1(x_1)\mathrm{d}x_1 + (m_2 + m_3)\varphi_1(L_1)]\cos\theta_1$$

$$m_{28} = m_{82} = \left(\int_0^{L_2} \rho_2 \varphi_2(x_2)\mathrm{d}x_2 + m_3\varphi_2(L_2)\right)\cos\theta_2$$

$$m_{33} = \int_0^{L_0} \rho_0 x^2 \mathrm{d}x + \int_0^{L_0} \rho_0 y^2 \mathrm{d}y + (m_1 + m_2 + m_3)L_0^2$$

$$m_{44} = \int_0^{L_1} \rho_1 x_1^2 \mathrm{d}x_1 + (m_2 + m_3)L_1^2 + [\int_0^{L_1} \rho_1 \varphi_1^2(x_1)\mathrm{d}x_1 + (m_2 + m_3)\varphi_1^2(L_1)]\xi_1^2$$

$$m_{55} = \int_0^{L_2} \rho_2 x_2^2 \mathrm{d}x_2 + m_3 L_2^2 + \left(\int_0^{L_2} \rho_2 \varphi_2^2(x_2)\mathrm{d}x_2 + m_3\varphi_2^2(L_2)\right)\xi_2^2$$

$$m_{66} = \int_0^{L_3} \rho_3 x_3^2 \mathrm{d}x_3$$

$$m_{77} = \int_0^{L_1} \rho_1 \varphi_1^2(x_1)\mathrm{d}x_1 + (m_2 + m_3)\varphi_1^2(L_1)$$

$$m_{88} = \int_0^{L_2} \rho_2 \varphi_2^2(x_2)\mathrm{d}x_2 + m_3\varphi_2^2(L_2)$$

$$\begin{aligned} m_{34} = m_{43} = & [\int_0^{L_1} \rho_1 x_1 \mathrm{d}x_1 + (m_2 + m_3)L_1]L_0 \sin(\theta_1 - \theta_0) \\ & + [\int_0^{L_1} \rho_1 \varphi_1(x_1)\mathrm{d}x_1 + (m_2 + m_3)\varphi_1(L_1)]\xi_1 L_0 \cos(\theta_1 - \theta_0) \end{aligned}$$

$$\begin{aligned} m_{35} = m_{53} = & \left(\int_0^{L_2} \rho_2 x_2 \mathrm{d}x_2 + m_3 L_2\right)L_0 \sin(\theta_2 - \theta_0) \\ & + \left(\int_0^{L_2} \rho_2 \psi_2(x_2)\mathrm{d}x_2 + m_3\psi_2(L_2)\right)\zeta_2 L_0 \cos(\theta_2 - \theta_0) \end{aligned}$$

$$m_{36} = m_{63} = \int_0^{L_3} \rho_3 x_3 \mathrm{d}x_3 L_0 \sin(\theta_3 - \theta_0)$$

$$m_{37} = m_{73} = [\int_0^{L_1} \rho_1 \varphi_1(x_1)\mathrm{d}x_1 + (m_2 + m_3)\varphi_1(L_1)]L_0 \sin(\theta_1 - \theta_0)$$

$$m_{38} = m_{83} = \varphi_1(L_1)\cos(\theta_2 - \theta_1)$$

$$
\begin{aligned}
m_{45}=m_{54}=&\left(\int_0^{L_2}\rho_2x_2\mathrm{d}x_2+m_3L_2\right)L_1\cos(\theta_2-\theta_1)\\
&+\left(\int_0^{L_2}\rho_2x_2\mathrm{d}x_2+m_3L_2\right)\varphi_1(L_1)\xi_1\sin(\theta_2-\theta_1)\\
&-\left(\int_0^{L_2}\rho_2\varphi_2(x_2)\mathrm{d}x_2+m_3\varphi_2(L_2)\right)\xi_2L_1\sin(\theta_2-\theta_1)\\
&+\left(\int_0^{L_2}\rho_2\varphi_2(x_2)\mathrm{d}x_2+m_3\varphi_2(L_2)\right)\xi_1\varphi_1(L_1)\xi_2\cos(\theta_2-\theta_1)
\end{aligned}
$$

$$
m_{46}=m_{64}=\int_0^{L_3}\rho_3x_3\mathrm{d}x_3L_1\cos(\theta_3-\theta_1)+\int_0^{L_3}\rho_3x_3\mathrm{d}x_3\varphi_1(L_1)\xi_1\sin(\theta_3-\theta_1)
$$

$$
m_{47}=m_{74}=\int_0^{L_1}\rho_1x_1\varphi_1(x_1)\mathrm{d}x_1+(m_2+m_3)L_1\varphi_1(L_1)
$$

$$
m_{48}=m_{84}=\left(\int_0^{L_2}\rho_2\varphi_2(x_2)\mathrm{d}x_2+m_3\varphi_2(L_2)\right)L_1\cos(\theta_2-\theta_1)
$$

$$
m_{56}=m_{65}=\int_0^{L_3}\rho_3x_3\mathrm{d}x_3L_2\cos(\theta_3-\theta_2)+\int_0^{L_3}\rho_3x_3\mathrm{d}x_3\varphi_2(L_2)\xi_2\sin(\theta_3-\theta_2)
$$

$$
m_{57}=m_{75}=\left(\int_0^{L_2}\rho_2x_2\mathrm{d}x_2+m_3L_2\right)\varphi_1(L_1)\cos(\theta_2-\theta_1)
$$

$$
m_{58}=m_{85}=\int_0^{L_2}\rho_2x_2\varphi(x_2)\mathrm{d}x_2+m_3L_2\varphi_2(L_2)
$$

$$
m_{67}=m_{76}=\int_0^{x_3}\rho_3x_3\mathrm{d}x_3\varphi_1(L_1)\cos(\theta_3-\theta_1)
$$

$$
m_{68}=m_{86}=\int_0^{x_3}\rho_3x_3\mathrm{d}x_3\varphi_2(L_2)\cos(\theta_3-\theta_2)
$$

$$
m_{78}=m_{87}=\varphi_1(L_1)\left(\int_0^{L_2}\rho_2\varphi_2(x_2)\mathrm{d}x_2+m_3\varphi_2(L_2)\right)\cos(\theta_2-\theta_1)
$$

式(6.38)中的 G 阵定义为

$$
G=\begin{bmatrix}
1&0&0&0&0&0&0&0\\
0&1&0&0&0&0&0&0\\
0&0&1&-1&0&0&0&0\\
0&0&0&1&-1&0&0&0\\
0&0&0&0&1&-1&0&0\\
0&0&0&0&0&1&0&0\\
0&0&0&0&-\Phi_1'(L_1)&0&0&0\\
0&0&0&0&0&-\Phi_2'(L_2)&0&0
\end{bmatrix}
$$

式(6.38)中的广义科氏力矩阵C可定义为

$$C=\begin{bmatrix} 0 & 0 & c_{13} & c_{14} & c_{15} & c_{16} & c_{17} & c_{18} \\ 0 & 0 & c_{23} & c_{24} & c_{25} & c_{26} & c_{27} & c_{28} \\ 0 & 0 & 0 & c_{34} & c_{35} & c_{36} & c_{37} & c_{38} \\ 0 & 0 & c_{43} & 0 & c_{45} & c_{46} & c_{47} & c_{48} \\ 0 & 0 & c_{53} & c_{54} & 0 & c_{56} & c_{57} & c_{58} \\ 0 & 0 & c_{63} & c_{64} & c_{65} & 0 & c_{67} & c_{68} \\ 0 & 0 & c_{73} & c_{74} & c_{75} & c_{76} & 0 & c_{78} \\ 0 & 0 & c_{83} & c_{84} & c_{85} & c_{86} & c_{87} & 0 \end{bmatrix}$$

其中

$$c_{13}=(m_1+m_2+m_3)L_0\sin\theta_0\dot{\theta}_0$$

$$\begin{aligned} c_{14}=&\left\{-\left[\int_0^{L_1}\rho_1 x_1\mathrm{d}x_1+(m_2+m_3)L_1\right]\cos\theta_1\right.\\ &\left.+\left[\int_0^{L_1}\rho_1\varphi_1(x_1)\mathrm{d}x_1+(m_2+m_3)\varphi_1(L_1)\right]\xi_1\sin\theta_1\right\}\dot{\theta}_1 \end{aligned}$$

$$c_{15}=[-(\int_0^{L_2}\rho_2 x_2\mathrm{d}x_2+m_3L_2)\cos\theta_2+(\int_0^{L_2}\rho_2\varphi_2(x_2)\mathrm{d}x_2+m_3\varphi_2(L_2))\xi_2\sin\theta_2]\dot{\theta}_2$$

$$c_{16}=-\int_0^{x_3}\rho_3 x_3\mathrm{d}x_3\cos\theta_3\dot{\theta}_3$$

$$c_{17}=-2[\int_0^{L_1}\rho_1\varphi_1(x_1)\mathrm{d}x_1+(m_2+m_3)\varphi_1(L_1)]\cos\theta_1\dot{\theta}_1$$

$$c_{18}=-2\left(\int_0^{L_2}\rho_2\varphi_2(x_2)\mathrm{d}x_2+m_3\varphi_2(L_2)\right)\cos\theta_2\dot{\theta}_2$$

$$c_{23}=-(m_1+m_2+m_3)L_0\cos\theta_0\dot{\theta}_0$$

$$\begin{aligned} c_{24}=&\{-[\int_0^{L_1}\rho_1 x_1\mathrm{d}x_1+(m_2+m_3)L_1]\sin\theta_1\\ &-[\int_0^{L_1}\rho_1\varphi_1(x_1)\mathrm{d}x_1+(m_2+m_3)\varphi_1(L_1)]\xi_1\cos\theta_1\}\dot{\theta}_1 \end{aligned}$$

$$c_{25}=[-(\int_0^{L_2}\rho_2 x_2\mathrm{d}x_2+m_3L_2)\sin\theta_2-(\int_0^{L_2}\rho_2\varphi_2(x_2)\mathrm{d}x_2+m_3\varphi_2(L_2))\xi_2\cos\theta_2]\dot{\theta}_2$$

$$c_{26}=-\int_0^{x_3}\rho_3 x_3\mathrm{d}x_3\sin\theta_3\dot{\theta}_3$$

$$c_{27}=-2[\int_0^{L_1}\rho_1\varphi_1(x_1)\mathrm{d}x_1+(m_2+m_3)\varphi_1(L_1)]\sin\theta_1\dot{\theta}_1$$

$$c_{28} = -2(\int_0^{L_2} \rho_2\varphi_2(x_2)\mathrm{d}x_2 + m_3\varphi_2(L_2))\sin\theta_2\dot{\theta}_2$$

$$c_{34} = \{[\int_0^{L_1} \rho_1 x_1 \mathrm{d}x_1 + (m_2+m_3)L_1]L_0\cos(\theta_1-\theta_0)$$
$$-[\int_0^{L_1} \rho_1\varphi_1(x_1)\mathrm{d}x_1 + (m_2+m_3)\varphi_1(L_1)]\xi_1 L_0\sin(\theta_1-\theta_0)\}\dot{\theta}_1$$

$$c_{35} = [(\int_0^{L_2} \rho_2 x_2 \mathrm{d}x_2 + m_3 L_2)L_0\cos(\theta_2-\theta_0)$$
$$-(\int_0^{L_2} \rho_2\varphi_2(x_2)\mathrm{d}x_2 + m_3\varphi_2(L_2))\xi_2 L_0\sin(\theta_2-\theta_0)]\dot{\theta}_2$$

$$c_{36} = \int_0^{x_3} \rho_3 x_3 \mathrm{d}x_3 L_0\cos(\theta_3-\theta_0)\dot{\theta}_3$$

$$c_{37} = 2[\int_0^{L_1} \rho_1\varphi_1(x_1)\mathrm{d}x_1 + (m_2+m_3)\varphi_1(L_1)]L_0\cos(\theta_1-\theta_0)\dot{\theta}_1$$

$$c_{38} = 2(\int_0^{L_2} \rho_2\varphi_2(x_2)\mathrm{d}x_2 + m_3\varphi_2(L_2))L_0\cos(\theta_2-\theta_0)\dot{\theta}_2$$

$$c_{43} = \{-[\int_0^{L_1} \rho_1 x_1 \mathrm{d}x_1 + (m_2+m_3)L_1]L_0\cos(\theta_1-\theta_0)$$
$$+[\int_0^{L_1} \rho_1\varphi_1(x_1)\mathrm{d}x_1 + (m_2+m_3)\varphi_1(L_1)]\xi_1 L_0\sin(\theta_1-\theta_0)\}\dot{\theta}_0$$

$$c_{45} = [-(\int_0^{L_2} \rho_2 x_2 \mathrm{d}x_2 + m_3 L_2)L_1\sin(\theta_2-\theta_1)$$
$$-(\int_0^{L_2} \rho_2\varphi_2(x_2)\mathrm{d}x_2 + m_3\varphi_2(L_2))\xi_2 L_1\cos(\theta_2-\theta_1)$$
$$+(\int_0^{L_2} \rho_2 x_2 \mathrm{d}x_2 + m_3 L_2)\varphi_1(L_1)\xi_1\cos(\theta_2-\theta_1)$$
$$-(\int_0^{L_2} \rho_2\varphi_2(x_2)\mathrm{d}x_2 + m_3\varphi_2(L_2))\xi_1\varphi_1(L_1)\xi_2\sin(\theta_2-\theta_1)]\dot{\theta}_2$$

$$c_{46} = [-\int_0^{x_3} \rho_3 x_3 \mathrm{d}x_3 L_1\sin(\theta_3-\theta_1) + \int_0^{x_3} \rho_3 x_3 \mathrm{d}x_3\varphi_1(L_1)\xi_1\cos(\theta_3-\theta_1)]\dot{\theta}_3$$

$$c_{47} = 2[\int_0^{L_1} \rho_1\varphi_1^2(x_1)\mathrm{d}x_1 + (m_2+m_3)\varphi_1^2(L_1)]\xi_1\dot{\theta}_1$$

$$c_{48} = 2[-L_1\sin(\theta_2-\theta_1)(\int_0^{L_2} \rho_2\varphi_2(x_2)\mathrm{d}x_2 + m_3\varphi_2(L_2))$$
$$+\varphi_1(L_1)\xi_1\cos(\theta_2-\theta_1)(\int_0^{L_2} \rho_2\varphi_2(x_2)\mathrm{d}x_2 + m_3\varphi_2(L_2))]\dot{\theta}_2$$

$$c_{53} = [-(\int_0^{L_2} \rho_2 x_2 \mathrm{d}x_2 + m_3 L_2)L_0\cos(\theta_2-\theta_0)$$
$$+(\int_0^{L_2} \rho_2\varphi_2(x_2)\mathrm{d}x_2 + m_3\varphi_2(L_2))\xi_2 L_0\sin(\theta_2-\theta_0)]\dot{\theta}_0$$

$$c_{54}=[(\int_0^{L_2}\rho_2x_2\mathrm{d}x_2+m_3L_2)L_1\sin(\theta_2-\theta_1)$$

$$-(\int_0^{L_2}\rho_2x_2\mathrm{d}x_2+m_3L_2)\varphi_1(L_1)\xi_1\cos(\theta_2-\theta_1)$$

$$+(\int_0^{L_2}\rho_2\varphi_2(x_2)\mathrm{d}x_2+m_3\varphi_2(L_2))\xi_2L_1\cos(\theta_2-\theta_1)$$

$$+(\int_0^{L_2}\rho_2\varphi_2(x_2)\mathrm{d}x_2+m_3\varphi_2(L_2))\xi_1\varphi_1(L_1)\xi_2\sin(\theta_2-\theta_1)]\dot{\theta}_1$$

$$c_{56}=(-\int_0^{x_3}\rho_3x_3\mathrm{d}x_3L_2\sin(\theta_3-\theta_2)+\int_0^{x_3}\rho_3x_3\mathrm{d}x_3\varphi_2(L_2)\xi_2\cos(\theta_3-\theta_2))\dot{\theta}_3$$

$$c_{57}=2[(\int_0^{L_2}\rho_2x_2\mathrm{d}x_2+m_3L_2)\sin(\theta_2-\theta_1)\varphi_1(L_1)$$

$$+(\int_0^{L_2}\rho_2\varphi_2(x_2)\mathrm{d}x_2+m_3\varphi_2(L_2))\xi_2\cos(\theta_2-\theta_1)\varphi_1(L_1)]\dot{\theta}_1$$

$$c_{58}=2\xi_2(\int_0^{L_2}\rho_2\varphi_2^2(x_2)\mathrm{d}x_2+m_3\varphi_2^2(L_2))\dot{\theta}_1$$

$$c_{63}=-\int_0^{x_3}\rho_3x_3\mathrm{d}x_3L_0\cos(\theta_3-\theta_0)\dot{\theta}_0$$

$$c_{64}=[\int_0^{x_3}\rho_3x_3\mathrm{d}x_3L_1\sin(\theta_3-\theta_1)-\int_0^{x_3}\rho_3x_3\mathrm{d}x_3\varphi_1(L_1)\xi_1\cos(\theta_3-\theta_1)]\dot{\theta}_1$$

$$c_{65}=[\int_0^{x_3}\rho_3x_3\mathrm{d}x_3L_2\sin(\theta_3-\theta_2)-\int_0^{x_3}\rho_3x_3\mathrm{d}x_3\varphi_2(L_2)\xi_2\cos(\theta_3-\theta_2)]\dot{\theta}_2$$

$$c_{67}=2\int_0^{x_3}\rho_3x_3dx_3\sin(\theta_3-\theta_1)\varphi_2(L_2)\dot{\theta}_2$$

$$c_{68}=2\int_0^{x_3}\rho_3x_3\mathrm{d}x_3\sin(\theta_3-\theta_2)\varphi_2(L_2)\dot{\theta}_2$$

$$c_{73}=-[\int_0^{L_1}\rho_1\varphi_1(x_1)\mathrm{d}x_1+(m_2+m_3)\varphi_1(L_1)]L_0\cos(\theta_1-\theta_0)\dot{\theta}_0$$

$$c_{74}=-[\int_0^{L_1}\rho_1\varphi_1^2(x_1)\mathrm{d}x_1+(m_2+m_3)\varphi_1^2(L_1)]\xi_1\dot{\theta}_1$$

$$c_{75}=[-(\int_0^{L_2}\rho_2x_2\mathrm{d}x_2+m_3L_2)\sin(\theta_2-\theta_1)\varphi_1(L_1)$$

$$-(\int_0^{L_2}\rho_2\varphi_2(x_2)\mathrm{d}x_2+m_3\varphi_2(L_2))\xi_2\cos(\theta_2-\theta_1)\varphi_1(L_1)]\dot{\theta}_2$$

$$c_{76}=-\int_0^{x_3}\rho_3x_3\mathrm{d}x_3\sin(\theta_3-\theta_1)\varphi_1(L_1)\dot{\theta}_3$$

$$c_{78}=-2\varphi_1(L_1)(\int_0^{L_2}\rho_2\varphi_2(x_2)\mathrm{d}x_2+m_3\varphi_2(L_2))\sin(\theta_2-\theta_1)\dot{\theta}_2$$

$$c_{83} = -\left(\int_0^{L_2} \rho_2\varphi_2(x_2)\mathrm{d}x_2 + m_3\varphi_2(L_2)\right)L_0\cos(\theta_2-\theta_0)\dot{\theta}_0$$

$$c_{84} = [L_1\sin(\theta_2-\theta_1)\left(\int_0^{L_2} \rho_2\varphi_2(x_2)\mathrm{d}x_2 + m_3\varphi_2(L_2)\right)$$
$$-\varphi_1(L_1)\xi_1\cos(\theta_2-\theta_1)\left(\int_0^{L_2} \rho_2\varphi_2(x_2)\mathrm{d}x_2 + m_3\varphi_2(L_2)\right)]\dot{\theta}_1$$

$$c_{85} = -\left(\int_0^{L_2} \rho_2\varphi_2^2(x_2)\mathrm{d}x_2 + m_3\varphi_2^2(L_2)\right)\xi_2\dot{\theta}_2$$

$$c_{86} = -\int_0^{x_3} \rho_3x_3\mathrm{d}x_3\sin(\theta_3-\theta_2)\varphi_2(L_2)\dot{\theta}_3$$

$$c_{87} = 2\left(\int_0^{L_2} \rho_2\varphi_2(x_2)\mathrm{d}x_2 + m_3\varphi_2(L_2)\right)\varphi_1(L_1)\sin(\theta_2-\theta_1)\dot{\theta}_1$$

附　录　B

对于平均理论，一动态系统可表示为

$$\dot{X} = \varepsilon F(X,t,\varepsilon)$$

其中，F 具有 2 阶以上连续偏导数，根据平均原理可写为

$$\dot{X}_{av} = \varepsilon\frac{1}{T}\int_o^T F(X_{av},t,0)\mathrm{d}t \overset{\text{def}}{=} \varepsilon\bar{F}(X_{av})$$

其中，X_{av} 为 X 的平均值，$X = X_{av} + \varepsilon W(X_{av},t,\varepsilon)$。